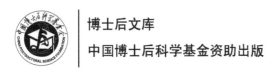

博士后文库

中国博士后科学基金资助出版

国家自然科学基金青年基金项目：半干旱地区矿山植被活动及恢复力
特征与机制研究（41807515）
国家自然科学基金面上项目：矿山土地生态系统恢复力研究　资助出版
（51474214）
江苏高校优势学科建设工程资助项目（测绘科学与技术）

矿山土地生态系统恢复力
性质、测度与调控

杨永均　著

科学出版社

北　京

内 容 简 介

　　恢复力是继可持续性科学之后的新理论。本书将恢复力理论引入国土空间生态修复领域，以充实恢复力理论的研究实例、拓展国土空间生态修复的理论基础。本书首先系统地介绍了恢复力理论的起源和发展，采用逻辑演绎和非线性动力学方法解析了矿山土地生态系统恢复力的性质，其次利用数学建模方法开发了矿山土地生态系统恢复力的量化指标和测度模型，并揭示了矿山土地生态系统恢复力的调控机理；最后将恢复力理论应用到三个不同类型的矿山研究中。本书内容翔实，提供了丰富的实例、模型、数据和图表，可以帮助读者建立对恢复力的理论认知，拓展恢复力思维。

　　本书可为恢复生态学、土地整治、自然资源管理、环境评价和规划等相关领域的科学研究人员、工程技术人员、政府管理人员提供参考，也可以作为土地资源管理、生态学等专业教学的参考用书。

图书在版编目（CIP）数据

矿山土地生态系统恢复力性质、测度与调控 / 杨永均著. —北京：科学出版社，2020.2

（博士后文库）

ISBN 978-7-03-063944-8

Ⅰ. ①矿… Ⅱ. ①杨… Ⅲ. ①矿区-土地资源-生态恢复-研究 Ⅳ.①X321

中国版本图书馆 CIP 数据核字(2019)第 300452 号

责任编辑：杨帅英　白　丹 / 责任校对：张小霞
责任印制：吴兆东 / 封面设计：图阅社

科 学 出 版 社 出版

北京东黄城根北街 16 号
邮政编码：100717
http://www.sciencep.com

北京虎彩文化传播有限公司 印刷

科学出版社发行　各地新华书店经销

*

2020 年 2 月第 一 版　开本：720×1000　1/16
2020 年 2 月第一次印刷　印张：11 3/4
字数：220 000

定价：128.00 元
（如有印装质量问题，我社负责调换）

《博士后文库》编委会名单

《博士后文库》序言

1985 年，在李政道先生的倡议和邓小平同志的亲自关怀下，我国建立了博士后制度，同时设立了博士后科学基金。30 多年来，在党和国家的高度重视下，在社会各方面的关心和支持下，博士后制度为我国培养了一大批青年高层次创新人才。在这一过程中，博士后科学基金发挥了不可替代的独特作用。

博士后科学基金是中国特色博士后制度的重要组成部分，专门用于资助博士后研究人员开展创新探索。博士后科学基金的资助，对正处于独立科研生涯起步阶段的博士后研究人员来说，适逢其时，有利于培养他们独立的科研人格、在选题方面的竞争意识以及负责的精神，是他们独立从事科研工作的"第一桶金"。尽管博士后科学基金资助金额不大，但对博士后青年创新人才的培养和激励作用不可估量。四两拨千斤，博士后科学基金有效地推动了博士后研究人员迅速成长为高水平的研究人才，"小基金发挥了大作用"。

在博士后科学基金的资助下，博士后研究人员的优秀学术成果不断涌现。2013 年，为提高博士后科学基金的资助效益，中国博士后科学基金会联合科学出版社开展了博士后优秀学术专著出版资助工作，通过专家评审遴选出优秀的博士后学术著作，收入《博士后文库》，由博士后科学基金资助、科学出版社出版。我们希望，借此打造专属于博士后学术创新的旗舰图书品牌，激励博士后研究人员潜心科研，扎实治学，提升博士后优秀学术成果的社会影响力。

2015 年，国务院办公厅印发了《关于改革完善博士后制度的意见》（国办发〔2015〕87 号），将"实施自然科学、人文社会科学优秀博士后论著出版支持计划"作为"十三五"期间博士后工作的重要内容和提升博士后研究人员培养质量的重要手段，这更加凸显了出版资助工作的意义。我相信，我们提供的这个出版资助平台将对博士后研究人员激发创新智慧、凝聚创新力量发挥独特的作用，促使博士后研究人员的创新成果更好地服务于创新驱动发展战略和创新型国家的建设。

祝愿广大博士后研究人员在博士后科学基金的资助下早日成长为栋梁之才，为实现中华民族伟大复兴的中国梦做出更大的贡献。

中国博士后科学基金会理事长

前　言

新时代生态文明建设亟待从系统工程角度寻求修复之道，实现国土空间生态系统的"整体保护、系统修复和综合治理"目标。然而，实现这一目标却面临诸多挑战，一方面，修复的目标、规模、尺度、要素都大大增加；另一方面，修复对象和外部环境都充斥着显著的非平衡动态特征。这些挑战使得传统方法不再有效，甚至面临风险，国土空间生态修复的科学和实践都陷入争议和困惑中。如何理解国土空间生态系统，如何有机组织工程、方法、技术、政策来实现国土空间修复目标，迫切地需要一种新的系统性思维。这种思维既需要充分表达国土空间生态系统的自然规律，又必须能够引导人们做出能达到目标的行动。

恢复力（resilience）一词来源于物理学领域，20 世纪 70 年代该词在生态学领域被抽象化，被定义为系统吸收状态变量、驱动变量和参数的变化并继续存在的能力。尽管这个概念已经被提出 40 多年，但其价值在近几年才得到广泛重视。恢复力被认为是可持续性的基石，是继可持续性科学之后的一个崭新的理论和实践命题。由于恢复力十分抽象，缺乏实例研究和应用，一度被质疑为一个空洞的流行语，至今仍然存在很多争议。但不论如何，其价值已经在城市规划、灾害应对、自然资源管理领域得到了重视，并在这些领域迅速地掀起了理论和方法范式的革新。但是，大多数研究仍然停留在概念层面，推动恢复力理论的深入化和实用化，特别需要一个具体对象的支撑。

全球超过 1%的地表已经被采矿所扰动。矿山具有系统复杂、扰动多样、类型丰富等特点，是一个亟待恢复的国土生态空间。本书以矿山土地生态系统为对象，研究其恢复力的性质、测度和调控方法，以丰富恢复力理论的研究对象、拓展国土空间生态修复的理论基础和思维，为矿山土地复垦与生态修复提供参考。本书首先分析矿山土地生态系统的构成、扰动和动态特征，构建矿山土地生态系统恢复力概念的构思模型，提出矿山土地生态系统恢复力的概念、内涵和要义。随后构建一个非线性动力学模型（VWS_model）来揭示矿山土地生态系统恢复力的形成机理和基本属性。其次，利用数学建模方法构建了矿山土地生态系统特定恢复力和一般恢复力的测度模型和指标。再次，分析了矿山土地生态系统恢复力调控的机理，包括调控的内涵、原理和实施途径。最后，将恢复力理论应用到三个不同类型的矿山中。

通过上述分析和研究，本书阐述了一些新的科学认识，如恢复力具有物质性、量性、可塑性三个基本属性；恢复力调控的基本途径是恢复力克服和强化。本书同时开发了实用模型和方法，包括矿山土地生态系统特定恢复力和一般恢复力的测度模型和方法，以及恢复力的适应性调控、恢复力克服和强化的基本原理与方法。恢复力是实现"整体保护、系统修复和综合治理"的理论基础和关键，它决定了系统在各种变化条件下维持其状态的内在能力。恢复力是一个客观存在的系统属性，它引导管理者将系统维持在期望状态。本书所介绍的内容可为恢复力的深入研究提供启发，也可为与矿山及类似对象的生态恢复工程设计和科学研究提供参考。

本书的出版得到了国家自然科学基金项目（41807515、51474214）和中国博士后科学基金的支持。研究过程中，矿山生态修复教育部工程研究中心、自然资源部国土环境与灾害监测重点实验室、江苏省资源环境信息工程重点实验室和江苏贾汪资源枯竭矿区土地修复与生态演替教育部野外观测研究站提供了平台支持。本书写作期间，张绍良教授、侯湖平副教授、陈浮研究员、汪云甲教授、卞正富教授、白中科教授、雷少刚教授、董霁红教授、Peter Erskine 副教授、Alex Lenchner 副教授、David Mulligan 教授、David Doley 教授、Phill McKenna 博士、Bevan Emmerton 博士、王金满教授、陈利顶研究员、徐占军教授和张燕女士等提出了宝贵的建议，在此表示感谢。

由于作者水平有限和时间仓促，书中难免存在不足和疏漏之处，敬请广大同行和读者批评指正。

杨永均

2019 年 8 月

目　　录

第1章 绪 论

1.1 矿山及其生态环境

1.1.1 特定的国土空间

矿山是一个特定的国土空间,物理边界常用矿业权界线来确定。实际上,伴随采矿而生的社会生态影响,常使得矿山的边界远远大于矿业权界线。一些时候,整个城市都可以被称为矿山,因为这些城市就是因矿而兴起的。与地球上的城市和农田一样,矿山是一个在自然生态系统基础上,产生的人地耦合关系最密切的国土空间。相比于城市和农田,矿山区域的国土空间所遭受的扰动更彻底,如露天采矿彻底清除地表土壤和植被;井工采矿挖损数米到千米深的地球基岩,所引起的地面沉陷直接改变区域地形;在采矿之后,企业、政府或利益相关者常常不得不投入巨资进行生态重建。与其他人地系统不一样,矿山国土空间不仅要提供矿产资源,还要提供环境安全、生存空间、生态产品等人类福祉。

矿山广泛分布在地球上的各个生物气候区,但主要沿成矿带分布,如富含有色金属的安第斯山脉跨越南美洲 7 个国家。一些矿山还与城市、农业区、生物多样性保护区高度重合。目前,地球上被发现的大多数矿床已经被全部或部分开发,采矿活动已经向深海、深地进发。还没有确切的数字记录地球上一共有多少个矿山,美国地质调查局(United States Geological Survey)的世界矿床数据库(major mineral deposits of the world database)记录了世界上的 1.2 万余个大型矿床,国土资源部 2014 年统计我国有 10 万多个矿山。也没有确切的数字表明全球采矿业扰动了多少土地,有学者估计全球有 1%的陆地被采矿扰动(Walker,1999),有研究表明,至 2011 年全球金属采矿扰动了 1.20 万 km^2 土地(Murguía,2015);中国煤炭和金属矿山 1987~2020 年累计损毁 2.6 万 km^2 土地(周妍等,2013),美国有 0.92 万 km^2 露天采矿迹地(Soulard et al.,2016)。由这些数字可以看出,矿山国土空间是地球陆地地表的一个重要类型,也是当代全球变化的一个重要因素和体现。

1.1.2 脆弱的人地系统

矿山作为一个地理学综合概念，常被当作土地利用/覆盖的一个类型。实际上，矿山内部是高度异质化的，通常由复垦场地、采掘场地、排土场、工业广场、原生自然保留地等异质单元组成。由于有人类参与，矿山具有社会、自然、经济多种维度。此外，从地下到地上，矿山拥有一般地球系统常见的要素，如基岩、生物、水等；从采矿前到采矿后，矿山又具有迅速变化的特征。因而，矿山是一个人地系统，这个人地系统就是以土地为骨架的综合体。矿山不仅是景观生态学上的一个空间斑块，也是具有时间和空间概念的生态系统。矿山的生态环境问题，如水土流失、污染、生物多样性损失，常引起人们的质疑。这些生态环境问题还具有空间外溢性，如美国阿巴拉契亚山脉的采煤使得区域受到影响的溪流中的生物总丰富度下降了 53%（Giam et al.，2018）。

矿山人地系统的脆弱性主要体现在两个方面。其一，本底自然生态脆弱。一些矿山位于干旱、半干旱地区，如中亚、澳洲中部，这些地方自然条件差，生态敏感。其二，在采矿扰动和生态重建活动下，一些生态要素被彻底清除或者重组，形成的半人工生态系统较脆弱。因而，恢复矿山生态环境成为世界上主要采矿国家的共识。大多数国家都采取了"谁破坏、谁修复"的原则，将恢复矿山生态环境确定为一个法定责任。矿山恢复的工作包括地质环境治理、土地复垦、生态重建等，这些工作的目的是在采矿之后将矿山恢复到某个状态。在实践中，尽管一些示范性的恢复工程取得了显著的成绩，但仍然有大量的矿山土地因为各种原因处于被遗弃待恢复状态。如何尽可能多地恢复矿山土地，仍然是一个不小的挑战。

1.2 矿山土地恢复面临的问题

1.2.1 理论瓶颈

我国在实行自然资源的统一管理之后，开始推进国土空间的整体保护、系统修复与综合治理（白中科等，2019）。《全国土地整治规划》（2016—2020 年）提出到 2020 年，我国土地复垦率达到 45%以上，矿区土地复垦补充耕地 15 万 hm^2。国际上也提出了生态恢复计划，如《纽约宣言》设定了到 2030 年恢复 3.5 亿 hm^2 森林的目标。这显示出人类迫切地需要恢复自然，从而为可持续发展提供基础。在这些宏大目标下，国土空间修复的目标、规模、尺度、要素都大大增加。

新时期的国土空间修复不再是零星的工程实践，而必须是有计划的、全局性的系统工程，必须在大尺度上构建生态安全格局、在小尺度上发挥生态服务功能。人们也不再局限于某个具体生态要素和功能的恢复，如土壤生产力，并且期待系统功能和结构的整体最优，也不再单纯考虑自然视角下的生态过程，还需要考虑社会维度下的修复动机和生态需求（Perring et al.，2016）。

进入 21 世纪，生态学家意识到非线性动态、连续性环境变化、社会生态交互作用、生态多稳态和阈值效应普遍存在。特别是在全球变化的背景下，自然系统受到多尺度、多方面、多维度因素的影响。传统生态学的"生物与环境关系论"已经发展到现代生态学的"包含一切的整体论"（integral theory of everything），正是因为世界普遍存在着复杂的系统非平衡动态机制（那维，2010）。这种机制在生态恢复实践中显而易见，如湿地在不知不觉中越过阈值，发生富营养化，造成严重后果；一些重建的森林在遭遇干旱扰动时，再次退化；一些矿区土地复垦工程因为没有考虑到土地利用变化，从而被废弃或改造；一些地区工矿废弃地因为没有很好的社会动力机制，所以长期得不到复垦利用，生态恢复难以扩大规模。系统非平衡动态机制使得国土空间生态修复的实践变得复杂，成为国土空间修复的理论瓶颈。

1.2.2　实践困惑

在实践方面，人们对国土空间修复的目标、途径、实施过程等方面逐渐产生了困惑。其一，生态修复究竟是将退化系统修复成一个新型生态系统（novel ecosystem），还是使其恢复到退化前的状态（Hobbs et al.，2009）。这实际上是对生态修复目标的争议，关键是退化系统到目标系统之间的阈值是否能越过、是否有必要越过。其二，关于生态恢复途径，是采取积极的人工修复（active restoration）还是被动的自然修复（passive restoration）（Holl and Aide，2011；胡振琪等，2014），关键是自然的内在能力如何。其三，关于实施过程，应当考虑如何有机组织各种工程、项目，来实现整体保护、系统修复与综合治理目标（高世昌等，2018）。要解决这些困惑，迫切地需要一种新的系统性思维。这种思维既需要充分表达国土空间生态系统的自然规律，又必须能够引导人们做出能达到目标的行动。

多学科交叉的边缘涌现出了恢复力这一新理论。恢复力是继可持续发展之后的研究热点。在恢复生态学观点中，可持续性是指在遭受扰动时有足够的恢复力来恢复到完好状态的自维持系统的持续保存（Clewell and Aronson，2013）。因而，恢复力被认为是维持可持续性的关键，以恢复力为基础的自然资源管理方法正在不断被革新和广泛接受，但由于恢复力十分抽象，缺乏实践和实例应用，一度被质疑为一个流行语和政治口号，至今仍然存在很多争议。尽管很多管理者逐渐意识到恢复力对生态恢复可能具有某种潜在价值，但对恢复力的性质、测度与调控方法还缺乏研究，究竟如何实践恢复力理论，仍然是一个令人困惑的难题（Lake，2013）。因而，推动恢复力理论的深入化和实用化，特别需要具体对象的支撑（Walker and Salt，2012）。

1.3　本书的内容与框架

1.3.1　本书内容

1. 生态恢复力的基本理论

该内容包括生态恢复力的基本概念和发展过程、生态恢复力的稳定性景观模型和适应性循环模型，还包括生态恢复力现有的测度方法和建设案例、生态恢复力在理论和实践两个方面的研究趋势。这些内容对应本书的第 2 章。

2. 矿山土地生态系统的基本特征

该部分主要介绍矿山土地生态系统的基本构成，如组分、功能、结构等；分析采矿和国土空间修复的生态扰动过程。在此基础上，讨论矿山土地生态系统的动态性，包括特征指标的时序变化、综合模式。这些内容对应本书的第 3 章。

3. 矿山土地生态系统恢复力的性质

根据矿山土地生态系统的扰动及其动态演变特征，本书提出矿山土地生态系统恢复力概念的构思模型，对其内涵进行界定。研究矿山土地生态系统恢复力的形成机理，构建系统演变的动力学模型，对系统的稳态、平衡、分岔等动力学行为进行模拟，揭示其形成过程和主要特征。这些内容对应本书的第 4 章。

4. 矿山土地生态系统恢复力的测度

基于恢复力性质，构建矿山土地生态系统恢复力的测度框架，提出恢复力测度的主要任务、开发状态和阈值的识别模型，以及特定恢复力的量化指数及其计算方法，揭示一般恢复力的影响因素和量化指数，并分析其性质和含义。这些内容对应本书的第 5 章。

5. 矿山土地生态系统恢复力的调控

分析恢复力及其调控在矿山土地适应性管理中的价值，矿山土地生态系统恢复力调控的方法和措施，以及矿山土地生态系统恢复力调控的策略，包括分析恢复力调控的实施程序和内容等。这些内容对应本书的第 6 章。

6. 矿山土地生态系统恢复力理论的初步应用

为检验矿山土地生态系统恢复力理论在矿山生态修复中的作用和实际价值，本书还引入三个矿山案例，结合案例阐述了矿山土地生态系统恢复力及其测度与调控方法的应用模式。这些内容对应本书的第 7 章。

1.3.2　总体框架

1. 技术脉络

本书的总体技术脉络是：系统调查→系统分析→内涵界定→性质解析→数学建模→测度方法→机理阐释→实例应用和检验。通过这一脉络，逐步将恢复力理论引入矿山土地生态系统中，并构建恢复力在矿山领域的理论框架，如图 1.1 所示。

在系统调查和分析阶段，基于矿山调研的基础资料，首先介绍了矿山土地生态系统的基本构成、结构和功能，然后分析矿山土地生态系统的扰动形式及其变化，归纳矿山土地生态系统的特征指标、变化规律及其综合模式。

在内涵界定和性质解析阶段，对矿山土地生态系统及其变化进行抽象，提出矿山土地生态系统恢复力的概念模型，以此为基础，界定矿山土地生态系统恢复力的内涵。然后分析矿山土地生态系统动力学过程，采用常微分方程方法建立系统动力学模型，讨论动力系统的运动稳定性，以此揭示矿山土地生态系统恢复力的形成基础和过程，进一步归纳矿山土地生态系统恢复力具备的特征。

在数学建模和测度方法阶段，为提高其恢复力评估方法的实用性，首先研究恢复力评估的基本框架，然后再根据恢复力性质开发恢复力测度的指标和方法，其中恢复力相关指标的开发采用数学方法进行逻辑运算和推理。

首先，在机理阐释阶段，根据矿山土地生态系统可持续性的要求来分析恢复力及其调控的必要性。其次，根据恢复力的基本特征、测度的结果，在不同的可持续目标下，分析如何调节和控制矿山土地生态系统恢复力。再次，结合实际案例讨论恢复力调控的潜在措施。最后，讨论实现恢复力调控应该采取什么样的实施程序和内容。

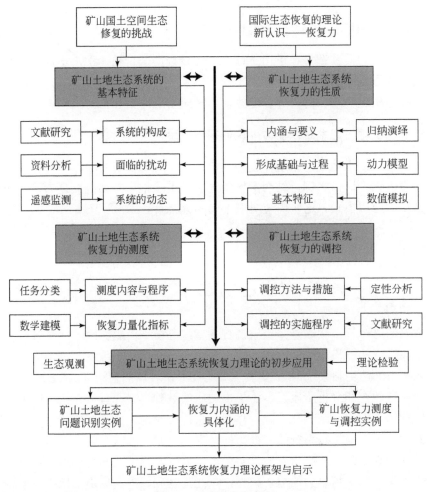

图 1.1　本书的总体框架

在实例应用和检验阶段，通过矿区生态监测和调研结果，识别案例矿山的土地生态系统的关键问题，并界定恢复力在不同案例矿山中的特定含义。利用开发的恢复力测度方法对案例矿山恢复力进行测度与评估，根据恢复力调控机理提出恢复力调控的潜在策略，并比较恢复力在不同案例矿山中的表现差异。

2. 研究方法

本书穿插运用了文献研究、逻辑推理、野外调查与遥感监测、数学建模等研究方法，来透视矿山土地生态系统恢复力的性质、开发测度与调控方法。

1）文献研究法

其一，利用文献研究来系统梳理国际恢复力、矿山土地生态系统研究的进展。其二，基于科学文献，归纳矿山土地生态系统的基本特征，包括其构成、扰动和动态模式，以及系统恢复力的概念和内涵。其三，结合科学文献和实际案例，归纳恢复力评价和矿山土地生态评价的指标、矿山土地复垦和生态修复的措施与方法，构建矿山土地生态系统恢复力的测度模型，提出调控策略。为此，通过 Web of Science、CNKI、矿业工程数字图书馆、昆士兰大学 Dig Rehabilitation Bibliographic Database 等途径搜集文献，还利用网络或者现场调研手段在多个矿山企业（主要是中国、澳大利亚、美国和德国的矿山企业）搜集地质、环境及与土地相关的图件和资料。

2）逻辑推理法

逻辑推理法主要包括演绎法、归纳法、比较法。演绎法主要是用于矿山土地生态系统恢复力的概念和内涵推理。归纳法一方面用于对恢复力性质的总结，将多次模拟得到的数学性质归纳为一般规律，用于生态学解释，另一方面用于总结矿山土地复垦与生态修复的实践经验，并从中提取恢复力调控的实践措施。比较法主要用于比较分析不同地域矿山土地生态效应的特征、矿山与参考区的生态差异，从而揭示矿山土地生态系统的基本特征，比较法还用于评价系统状态、开发特定恢复力和一般恢复力的指标。

3）野外调查与遥感监测法

本书所用的数据大多来源于野外生态监测，特别是书中的实例分析、应用研究部分使用了大量的野外生态数据。数据监测手段包括实地调查（梯度观测、社会调查、样方调查）、遥感监测与数据处理。在研究过程中，主要对中国江苏、山西、内蒙古、云南、贵州、山东的矿山（含煤、铁、铝、石油矿种），重点是对鄂尔多斯的补连沟和山西西山的孟家沟、澳大利亚的 Curragh 和 New Acland 等矿山，进行实地观测和长时序遥感影像分析，对美国 Kanawha 县、德国 Lusatia 矿山进行长时序遥感影像分析和资料调研。生态观测的内容主要是地质采矿条件、土地生态功能和结构指标，如矿种、采矿强度、赋存形态、总初级生产力（gross primary productivity，GPP）、结构散射指数（SSI）、气候条件、土地利用结构、土壤含水量、地下水位、土壤肥力、植被覆盖度、生物量、植被多样性、矿山土地生态利益相关者、土地复垦投入、复垦模式等。

4）数学建模法

矿山土地生态系统动态特征研究、恢复力的性质解析与测度方法研究等均采用数学建模方法。例如，引入凸包刻画矿山土地生态的结构和功能指标的运行空间；建立一个三变量的土地生态系统模型（VWS_model），用于模拟系统在扰动下的稳态平衡、分岔等性质，揭示恢复力的形成过程和基本特征；利用最大似然法、极限判断法提出状态和阈值识别方法；利用函数法对特定恢复力绝对指标（absolute index of specified resilience，AISR）、特定恢复力相对指标（relative index of specified resilience，RISR）、一般恢复力相对指标（relative index of general resilience，RIGR）进行数学推导，并分析各指标的性质和应用条件。

1.4　小　结

本章简要回顾了矿山及其生态环境，阐述了矿山土地恢复面临的理论和实践问题，介绍了本书的内容和框架。

矿山广泛分布在地球的各个生物气候区，是一个人地耦合关系密切的系统，这个人地系统就是以土地为骨架的综合体，不仅是景观生态学上的一个空间斑块，也是具有时间和空间概念的生态系统。新时期矿山国土空间修复的目标、规模、尺度、要素都大大增加，国土空间修复面临理论瓶颈和实践困惑，迫切地需要一种新的系统性思维来创新方法和引领行动。

本书主要介绍生态恢复力的基本理论，矿山土地生态系统的基本特征，矿山土地生态系统恢复力的性质、测度方法、调控机理、应用案例，从而构建矿山土地生态系统恢复力的理论框架，为新时代矿山国土空间修复提供新的思维。

参 考 文 献

白中科，周伟，王金满，等. 2019. 试论国土空间整体保护、系统修复和综合治理. 中国土地科学，33（2）：1-10.

高世昌，苗利梅，肖文. 2018. 国土空间生态修复工程的技术创新问题. 中国土地，391（8）：34-36.

胡振琪，龙精华，王新静. 2014. 论煤矿区生态环境的自修复、自然修复和人工修复. 煤炭学报，39（8）：1751-1757.

那维. 2010. 景观与恢复生态学：跨学科的挑战. 北京：高等教育出版社：15-16.

周妍，周伟，白中科. 2013. 矿产资源开采土地损毁及复垦潜力分析. 资源与产业，15（5）：100-107.

Clewell A F，Aronson J. 2013. Ecological restoration：Principles，values，and structure of an emerging profession. Washington：Island Press：12-13.

Giam X，Olden J D，Simberloff D . 2018. Impact of coal mining on stream biodiversity in the US and its regulatory implications.Nature Sustainability，1：176-183.

Hobbs R J，Higgs E，Harris J A. 2009. Novel ecosystems：Implications for conservation and restoration. Trends in Ecology & Evolution，24（11）：599-605.

Holl K D，Aide T M. 2011. When and where to actively restore ecosystems? Forest Ecology and Management，261（10）：1558-1563.

Lake P S. 2013. Resistance，resilience and restoration. Ecological Management & Restoration，14（1）：20-24.

Murguía D I. 2015. Global Area Disturbed and Pressures on Biodiversity by Large-Scale Metal Mining. Kassel：Kassel University Press GmbH：138-178.

Perring M P，Standish R J，Price J N，et al. 2016. Advances in restoration ecology：Rising to the challenges of the coming decades. Ecosphere，6（8）：1-25.

Soulard C E，Acevedo W，Stehman S V，et al. 2016. Mapping extent and change in surface mines within the United States for 2001 to 2006. Land Degradation & Development，27（2）：248-257.

Walker B，Salt D. 2012. Resilience Practice：Building Capacity to Absorb Disturbance and Maintain Function. Washington：Island Press：185-199.

第2章 生态恢复力的基本理论

2.1 生态恢复力概念及发展

2.1.1 生态恢复力的基本概念

1. 不同领域恢复力定义

尽管恢复力理论在政策和管理方面的价值已经被广泛认可，但其研究大多停留在概念层面，人们对其定义尚没有达成共识，甚至出现恢复力概念滥用的现象。由于不同领域有不同的定义，恢复力更像一种模糊边界物，而非一种明确的、描述性概念（Brand and Jax，2007）。从恢复力的科学领域来看，出现最多的是物理学，其次是环境科学与生态学，还渗透到社会学、心理学等领域（Hosseini et al.，2016）。对 resilience 一词的中文理解，目前主要有恢复力、弹性和韧性三种，在环境科学与生态学领域，常用恢复力一词，在城市、灾害研究领域，一般使用弹性和韧性（汪辉等，2017）。

恢复力的定义至今没有统一，在不同的研究领域，根据研究目的和需求的不同，恢复力有不同的表述方式（Brand and Jax，2007；Xu et al.，2015），如表2.1所示。不同恢复力定义的差异主要体现在所描述的客观对象不一样，如经济领域恢复力定义的客观对象是区域经济体，社会生态领域恢复力定义的客观对象是社会生态系统，心理学领域恢复力定义的客观对象是人。不同恢复力定义的共同点体现在所描述的都是一种系统能力。实际上，恢复力是一个横断概念，几乎每个领域、对象都可以与恢复力联系起来。目前，恢复力使用较多的定义是：系统吸收扰动并重新组织来从根本上保持相同的特性（包括功能、结构和反馈）的能力（Walker and Salt，2012）。实际上，这个定义抛开了具体领域，其客观对象就是系统，这个系统可以是生态系统，也可以是社会生态系统。

表 2.1   不同领域恢复力定义

术语	英文	领域	定义
恢复力	resilience	经典物理	物体发生形变（包括弹性变形与塑性形变）产生弹力，在弹性限度内引起的弹力
心理恢复力	psychological resilience	心理学	人（特别是小孩和家庭）的综合能力和特征，这种能力和特征能够动态地相互影响，使得人在相当的压力和逆境下能够恢复、成功应对和运转
工程恢复力	engineering resilience	生态学	一个系统经历扰动之后恢复到平衡或稳定状态所需要的时间
生态恢复力	ecological resilience	生态学	系统在达到状态转换阈值之前吸收或抵抗干扰的能力
社会恢复力	social resilience	社会学	社群或组织承受外部冲击、从风险中缓解和恢复的能力
经济恢复力	economic resilience	经济学	一个系统承载市场或者环境变化而不丢失有效分配资源、产生本质服务的能力
区域（经济）恢复力	regional （economic） resilience	经济地理	区域或者局部经济体承受市场、竞争和环境冲击，并从冲击中恢复其发展路线的能力
社会生态恢复力	social ecological resilience	社会生态	社会生态系统吸收扰动来保持本质结构、过程和反馈的能力
空间恢复力	spatial resilience	景观生态	系统相关变量空间变异的、系统内部和外部利益在多时空尺度被影响的系统恢复力

2. 与恢复力相关的概念

恢复力概念较抽象，很容易与其他相近概念混淆。表 2.2 给出了与恢复力相关的概念。在除物理学领域之外的大部分研究领域，恢复力科学研究的对象大多是社会生态系统，即人与自然耦合的系统。这个系统不断地进行适应性循环，并且发生阈值跨越、体制转换、扰沌等现象，有诸多内在属性，如可持续性、脆弱性、恢复力、稳定性、适应力、转型力等。生态恢复、适应性管治则是人类对社会生态系统施加的特别措施。

表 2.2   与恢复力相关的概念

术语	英文	定义
社会生态系统	social ecological system	人与自然耦合的系统
可持续性	sustainability	一个在遭受扰动时有足够恢复力来恢复到完好状态的自维持系统的持续保存
恢复力思维	resilience thinking	一个以恢复力理念为核心，理解社会生态系统通过适应、转型来持续保存的理论框架
适应力	adaptability	一个系统中的行动者支配恢复力的能力

术语	英文	定义
转型力	transformability	在生态、经济或者社会条件使得现存系统不能维持时，创造一个全新系统的能力
脆弱性	vulnerability	系统对系统内外扰动的敏感性，以及缺乏应对能力，从而使系统的结构和功能容易发生改变的一种属性
稳定性	stability	系统在短暂扰动后恢复到平衡状态的能力
扰沌	panarchy	社会生态系统不同尺度上多层次适应性循环及它们之间的跨尺度效应
适应性循环	adaptive cycle	一种描述社会生态系统通过不同组织和运转阶段实现演进的方式
体制	regime	系统可以存在并以相同特征运行的一系列状态
体制转换	regime shift	系统跨越阈值变为另一个状态
阈值	threshold	系统从一种状态快速转变为另一种状态的某个点或一段区间
生态恢复	ecological restoration	协助已经退化、遭到损害或破坏的生态系统恢复的过程
适应性管治	adaptive governance	响应新情形、问题和机遇的管治的变化

与恢复力密切相关的是适应力、转型力、可持续性和脆弱性。恢复力是可持续性和脆弱性的一个重要指标，系统恢复力越强，则系统可持续性越强、脆弱性越弱（Lei et al.，2014）。适应力和转型力是围绕恢复力产生的两个概念，从全局视角来看，适应力和转型力越强，系统恢复力也越强。恢复力、适应力和转型力实际上描述了一个系统在维持自身状态时表现出来的性质和形式，这种性质和形式的核心是恢复力。从恢复力、适应力和转型力这个框架去看待系统，就形成了一种特殊的视角或观念，这种视角或观念被称为恢复力思维（Folke et al.，2010）。

2.1.2 生态恢复力理论的发展

恢复力理论的发展首先得益于对自然世界规律的深化认识，然后又受到复杂世界管理需求的驱动作用。其发展大致可以分为三个阶段，第一阶段是从物理学到生态学，这一阶段建立在对生态系统非平衡态深化认识的基础上；第二阶段是从生态学到社会生态综合研究，这一阶段是社会生态系统管理和认识发展带动的；第三阶段是从社会生态系统研究到泛在思维，这一阶段是泛在系统的管理需求驱动的。

1. 第一阶段：从物理学到生态学

恢复力源自拉丁文 Resilio，即跳回的动作。在经典物理学中，恢复力是指物体发生形变（包括弹性形变与塑性形变）产生弹力，在弹性限度内引起的弹力。胡克的弹性定律指出：弹簧在发生弹性形变时，弹簧的弹力 F 和弹簧的伸长量（或压缩量）x 成正比，即 $F=k \cdot x$。在物理学领域，客观事物的弹性受力现象十分普遍，也较早地引起了科学家的研究兴趣，实现了定量研究。在生态学领域，早期研究还集中在生物分类和进化、生物与环境关系的研究上。而相对于物理世界，生态系统更为复杂，直到 20 世纪，人们才对系统的恢复力这种性质展开研究。

20 世纪 50 年代学院生态学派主要关注人类和自然扰动下生态功能的持续问题，继而引出多样性-稳定性假说（diversity-stability）（Macarthur，1955）。Lewontin 于 1969 年在经典论文 "*The Meaning of Stability*" 中给出了 Vector Fields Model（Lewontin，1969），这个模型描述了生态系统稳定性和系统结构之间的动态关系，还给出了稳定域（basins of attraction，又译作吸引子、吸引域）、多稳态，这形成了恢复力科学的理论基础。基于稳定性描述系统在平衡态附近的行为和长期留存的潜力，Holling 在 1973 年的经典论文中将其一分为二：稳定性和恢复力（Holling，1973）。恢复力的初始定义为：系统吸收状态变量、驱动变量和参数的变化并继续留存的能力。与恢复力相对的概念是稳定性，其定义为系统在受到短暂扰动后恢复到平衡状态的能力。

这种恢复力概念基于生态系统受到扰动后将恢复到原来稳定状态的假设（Gunderson et al.，2004），但如果考虑系统存在一个或多个平衡稳态，则可以得到工程恢复力和生态恢复力两种观点，前者基于数学思维与工程学原理，强调一个简化、抽象的生态系统恢复到扰动前状态的能力，或者定义为一个系统经历扰动后恢复到平衡或者稳定状态所需要的时间。后者基于多稳态假设，其主要关注多稳定状态间的转换，定义为一个系统在达到阈值之前吸收或抵抗扰动的能力，或者说是系统能够吸收的扰动总量，生态恢复力的研究则主要考察系统稳定域的边界特性（Gunderson，2000）。

2. 第二阶段：从生态学到社会生态综合研究

在对生态系统非平衡态有了一定的认识之后，生态学的相关实践在 20 世纪 70 年代末产生了第一次综合，这次综合考虑了政策、管理实验、环境响应，兴起了新的生态政策设计，如可持续发展政策，主要目的是实现对非平衡系统的管理。截至 20 世纪末，随着全球化趋势的发展，生态环境问题越来越复杂，人们在管理生态环境时不得不考虑社会因素，产生了第二次综合，这次综合把人类应对的对象看作生态、社会、经济、政策等的复合系统，国际上兴起了社会生态系统概念，即将人类所在的世界视为一个人与自然耦合的系统。我国王如松院士在 20 世纪末提出社会-经济-自然复合生态系统（马世骏和王如松，1984）。

至今，在对复合系统的管理过程中，恢复力、适应性管理开始得到重视，适应性管理是适应变化的过程，而生态政策设计则是为变化条件下预期行动放置先决条件，因此其关注的是设计一个有恢复力的系统来吸收甚至自恃于意外之事，而恢复力是系统控制的最终目的。例如，在防灾减灾领域（如海岸带防御和地震灾害），恢复力被分为自然恢复力、生态恢复力和社会经济恢复力（Adger et al.，2005），可以认为社会组织强、硬件设施多时，社区的恢复力强，则其在台风或地震之后恢复力也较强（Bruneau et al.，2003）。

在这一阶段，恢复力概念引起了很多争议。相对于物理世界的弹簧，社会生态系统要复杂得多，因而对恢复力的理解十分困难，其成为一个晦涩的概念。全面弄清恢复力所指并非易事，恢复力是一种能力，何为能力？Berkes 等（1998）指出其包括适应与变化和不确定性共存、为更新培育多样性、整合不同类别的知识、为自组织创造机会。有学者指出首先需要知道"resilience of what and to what"，其中，"of what"是生态系统特定对象，"to what"则是需要应对的某种扰动（Carpenter et al.，2001），否则，恢复力就是一个空洞的概念。恢复力联盟（Resilience Alliance）则从三个方面理解恢复力的特征：系统在保持同样状态前提下能吸收的扰动总量；系统自组织的能力；系统能够建立并增强适应外界扰动的能力（Brand and Jax，2007）。而其他生态学家将恢复力的内涵理解为：系统在原稳定域内承受的扰动量、系统受到扰动后自组织的能力、系统学习与适应能力（Folke et al.，2004）。由此可见，时至今日，恢复力的内涵理解仍不统一，而且生态系统抵抗力、适应力、恢复性等概念常与恢复力概念混淆（Thompson et al.，2009），恢复力甚至常与"生态系统适应能力"互换使用（Puettmann et al.，2009）。究竟恢复力是什么？恢复力联盟主席 Walker 指出恢复力并非一个数字或者公式，而是系统的一个动态属性，有应对未知扰动的一般性恢复力（general resilience）和应对明确扰动的特定恢复力（specified resilience）两种类型，此外转移力、适应力是影响恢复力的重要因素（Walker and Salt，2012）。恢复力的理论起源如图 2.1 所示。

3. 第三阶段：从社会生态系统研究到泛在思维

恢复力是一个韧性概念，也是一个横断概念，任意一个实体或者一个抽象对象都可以加上恢复力概念。在近 10 年，恢复力得到了极大的发展，恢复力出现的最早经典文献"Holling C S. Resilience and Stability of Ecological Systems[J]. Annual Review of Ecology & Systematics，1973，4（4）：1-23."累计被引用了 12480次（基于 Google Scholar 2019 年 3 月 1 日的数据），这体现了恢复力研究的热度。由于目前恢复力被广泛应用到各个领域中，一些与人有关的因素，如学习力、组织力、领导力也成为影响恢复力的因素，这使得恢复力的概念又出现了分岔。

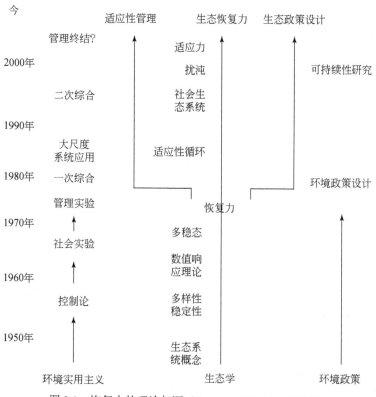

图 2.1　恢复力的理论起源（Curtin and Parker，2014）

围绕恢复力存在许多相近的概念，如转移力（transformability）、适应性（adaptability），这使得恢复力的概念远离了其直观含义（Walker et al.，2004）。

　　恢复力思维容纳诸多要点，如变化性、适应性为其重要成分，系统是自组织的，等等（Walker and Salt，2006）。在恢复力思维引导下，人们追问何为革新，并努力全面了解系统行为，而不是从离散行动中寻找静态而精确的结果。将所有对象纳入一个复合系统中来考虑，并不意味着自然资源管理和生态保护的目的已经达到，管理理论和实践已经终结。在大综合背景下，复杂的适应性系统会给人困惑（bewilderment）与无能（paralysis）之感（Biggs et al.，2015）。在这种背景下，恢复力正在成为一个突破口。恢复力作为一种系统属性，开始被当作一种思维或方法的基础（Folke，2016）。这使得传统的恢复力科学正在逐渐发展为恢复力思维，后者提供一个让不可预知的变化世界中的生态保护行动更有效、协作、系统化的思维框架（Curtin and Parker，2014）。恢复力思维扮演一个桥梁的作用，它整合科学、管理和政策来应对不确定性、管理风险、适应变化（Curtin and Parker，2014）。例如，在土地生态整治过程中，生态知识和整治工程结合的依据就是恢复力思维，这包括系统非平衡动态机制、阈值效应、尺度效应、系统状态转移等（张绍良等，2018）。

2.2　生态恢复力的基本模型

恢复力的基本模型有两个，一个是稳定性景观（stability landscape）模型（Scheffer et al.，1993），另一个是适应性循环（adaptive cycle）模型（Holling，1973）。这两个模型从不同的视角清晰地表达了恢复力的理论核心。

2.2.1　稳定性景观模型

在生态学的还原论基础上，很容易找到两个相关的参数 x 和 y，随着 x 的变化，参数 y 连续变化，但可能有多个稳定水平。如果 y 视为生态系统的状态变量，将 x 视为控制变量，并将 x 和 y 的关系反映在二维坐标上，则可以抽象成杯和球的形式，这就是杯球模型的来源。如果有多个状态变量和多个参数，它们会组成复杂的控制系统方程，控制系统方程可能有多组解，且随着参数的变化而变化。如果将状态变量简化为 3 个，则可以形成较容易理解的三维图示。控制系统方程的解，即状态变量的取值集合，就形成多个吸引域（Beisner et al.，2003）。

上述数学思想后来发展为稳定性景观模型（图 2.2），即球盆隐喻，盆表示生态系统稳定域，球表示生态系统状态。较小扰动会使得球离开原有位置，最终回到盆底，但较大扰动可能会使得小球进入其他盆中。工程恢复力可以理解为球回到盆底的速度或时间；生态恢复力则可以理解为稳定域的宽度，生态系统的非线性微分系统的状态变量和参数变化（Gunderson，2000）使得生态系统的小球在多个稳定域移动，而研究表明稳定域也是可以变化的（Zakynthinaki et al.，2013）。

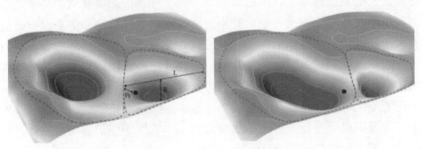

图 2.2　系统三维稳定性景观（引自文献 Walker et al.，2004）

稳定性景观中恢复力有四个方面：范围（latitude，L）、抗性（resistance，R）、不稳定性（precariousness，P）、扰沌（panarchy）（Walker et al.，2004）。

2.2.2 适应性循环模型

适应性循环模型被广泛用于对社会生态系统的动态机制进行描述和分析。该模型认为社会生态系统按照四个阶段演替，即释放（Ω）、更新（α）、开发（γ）、保护（K）。适应性循环包含三个属性，即潜力、连通度、恢复力。潜力决定了系统未来可供选择的范畴，被认为是系统的财富，包括生态、经济、社会和文化的积累资本及无法表示的创新和变化等。连通度是指系统各组分之间相互作用的数量和频率，表示的是系统控制其自身状态的程度，如系统对扰动的敏感程度等。恢复力即系统的适应力，是系统对非预期或不可预测的扰动脆弱性的量度，可看作与系统脆弱性相对的概念。在开发、保护和释放阶段，恢复力较低。在更新阶段，恢复力较高（Holling，2001；Walker et al.，2002）。

每个适应性循环既可能是上一个循环的重复，也可能表现出全新的特性，系统内不同等级尺度的循环通过"记忆"或"反抗"相互依赖形成一种扰沌现象，如图 2.3 所示。扰沌是描述复杂适应性系统进化性质的术语，提供了跨尺度过程的联结模式，反映了适应性循环的嵌套性。扰沌联结了系统中不同等级间向上或向下的相互作用，在快速运行的低层次中进行创新、实验和监测，在慢速运行的高层次中对过去积累下的成功实验进行记忆和保护。因此，扰沌既具有创造性，又具有保守性。

图 2.3　适应性循环及跨尺度扰沌（引自文献 Folke，2006）

2.3 生态恢复力的测度与建设

2.3.1 生态恢复力的测度

研究恢复力的目标是使生态系统朝着有利于人类的方向运行，这必须定量评估恢复力及其影响因子，才能为生态系统管理提供依据。基于恢复力内涵的模糊性，可知其本身不是一个物理性指标，而是一个动态属性，这就导致其测量对象无特定指标：一种方向视恢复力为实指对象，直接理解系统的胁迫与恢复时间（Bhagwat et al.，2012）、阈值（Hirota et al.，2011）等；另一种方向视恢复力为非实指对象，将其当成一种框架，用框架之下的其他指标来考察系统恢复力（Hulse and Gregory，2004；王群等，2015）。这实际上是一种直接与间接的区别，直接理解恢复力的理论核心，就需要探测系统稳定域的特征，具体地，可直接测量最大胁迫和恢复时间来指示恢复力（Mageau et al.，1995），这两者可以通过计算机模型，如 Century、GAP 模型等进行计算；使用阈值宽度或者系统状态与阈值距离表示恢复力时，国内外学者采用潜在阈值模型（Rogers et al.，2013）、时空动态分析模型（Carpenter et al.，2014；Dakos et al.，2010）、状态转移模型（Bagchi et al.，2013）、试验方法（Slocum and Mendelssohn，2008）来识别和测量阈值、状态和反馈；理解稳定域特征时，多采用微分系统的数学方法或景观势流理论求解（Fassoni et al.，2014；Li et al.，2010；Xu et al.，2012）。

然而，使用直接测度法必须了解阈值，但并非所有生态系统都表现出替代性稳定状态和能识别关键的控制变量（Schröder et al.，2005），恢复力测量也会变得后知后觉（Lake，2013）。间接测度恢复力，则可以选择替代指标反映（Carpenter et al.，2001），恢复力替代物的识别需要根据恢复力机理，如生态冗余、多样性、生态存储等。目前，学者发展了一套替代物识别模型，包含问题界定、反馈辨识、系统模型设计、恢复力替代物识别四个步骤（Bennett et al.，2005），这种间接方法表现在以物种多样性、群落盖度等表征青藏铁路穿越区生态系统恢复力（高江波等，2008）；用地形、生物等指标来评价火灾后生态恢复力降低的风险（Arianoutsou et al.，2011）。实际上，有学者指出恢复力评价不应该浓缩为几个指标，这样会降低对复杂系统理解的准确性，因而指标必须多样化，并且包括恢复的各个方面，易于指导管理实践（Folke，2016）。

2.3.2 生态恢复力的建设

恢复力理论在政策和管理方面已经被广泛认可，但恢复力建设方面只存在零散案例，实际上恢复力实践已经开展了很多，只不过大多数时候，是无意识的、不知不觉的行动（Walker and Salt，2012）。近来恢复力联盟的青年学者网络（Resilience Alliance Young Scholars，RAYS）发起了对恢复力建设准则的大讨论，获得共识的准则有七条：保持多样性和冗余度、管理连通性、管理慢变量和反馈、培育复杂系统思维、鼓励学习、扩大参数、提升多中心管理（Biggs et al.，2015）。目前，已经有一些研究思考该如何培育恢复力。在防灾减灾领域，2005 年通过了"2005—2015 兵库行动框架：建立国家和社区的灾害恢复力"（史培军等，2005）。在建设中国台湾灾害恢复力社区时考虑应对策略、运行管理、组织行为三个方面来提高社区应对灾害的能力（Chou and Wu，2014）。为提升应对地震风险的恢复力，巴基斯坦俾路支大学学者指出应该增加社会经济、慈善机构和结构性（住房）条件来提升社区应对地震的警觉性和准备性（Ainuddin and Routray，2012）。以中国 2008 年的雪灾为例，中国国家电网恢复力建设应该系统分析交通、工程设计、气候风险（Ye，2014）。在城市管理领域，学者指出必须增强城市废水基础设施的鲁棒性，才能使得城市系统应对多变风险的恢复力得到增强（Ning et al.，2013），必须建立医疗、电力、水、应急管理等子系统来保证一个有恢复力的城市社区（Chang and Shinozuka，2004），当然，恢复力城市建设可能需要生态、工程、经济和社会的共同作用，甚至还需要加入社会平等、技术革新等议题（蔡建明等，2012）。

在土地利用领域，恢复力也被当成土地可持续性利用的指标之一，学者用农业土地经济产出的年际变差来分析土地恢复力（蔡运龙和李军，2003），而保育土地-社会-生态耦合系统的弹性必须是土地生态管护的重要内容（宇振荣等，2013），城市建设时，应该考虑生态型土地利用补偿法、城市公共绿地来保证城市景观和生态系统功能，从而提升生态系统的恢复力（Colding and Barthel，2013），维持一个栓皮栎土地利用系统的可持续性需要采取管理措施和生态恢复项目，以阻止灌丛化演替，达到恢复力建设的目的（Acácio and Holmgren，2014）。在其他领域，如增强中国云南哈尼稻田旅游社会生态系统恢复力的重要策略在于贫困教育、增强社区管理地位（Gu et al.，2012），为提高荷兰农村地区的生态恢复力，政府必须建立一个有空间分布条件的农业-环境体系价格系统（Schouten et al.，2013），一个以恢复力为目标的海岸带规划框架要基于生态和社会两大系统来权衡（Lloyd et al.，2013），公共机构的多样性在海岸带的恢复力管理中也占有重要角色（Jones et al.，2013），在非洲干旱区提高植物水分利用的有效性和能力将能很好地建设缓解干旱的恢复力，但这需要经济、社会和公共机构的共同努力（Rockström，2003）。

2.4　生态恢复力的研究趋势

2.4.1　生态恢复力的理论研究

由于地球生物圈系统具有跨尺度关联、非线性动态、复杂不确定性等特征，加之人类自身是生物圈的一员，自然为人类持续提供服务的能力受到限制（Folke，2016）。人们逐渐认识到传统的科学方法不再有效，甚至会使问题更加严重（Ludwig et al.，1993）。人们为了实现所谓的可持续性，对自然生态系统投入大量的资源，但结果往往适得其反，尽管当今世界科技进步可以在一定程度上改善生态系统服务工程，但不能替代自然生态系统自身的演变规律（Carpenter et al.，2006）。恢复力思维为解决这些问题提供了思路（Fischer et al.，2009），其为整合适应性管理、生态政策设计和恢复力科学提供了一种思维框架（Curtin and Parker，2014），被认为是可持续发展的关键。目前，恢复力的价值正在被广泛认同。恢复力起源于生态学研究，进入 21 世纪后，其得到了较大的发展。在环境科学与生态学研究的二次综合之后，恢复力成为调控管理复杂生态系统、实现管理政策与技术的一个基础。目前，恢复力理论正被尝试应用到灾害应对、自然资源管理等领域中。

恢复力概念具有很强的韧性。早期恢复力只是被作为稳定性的一个方面来了解，但随着研究的深入，恢复力已经用来描述系统持续保持状态的一种基本能力。这个概念在不同的场景下可以有不同的理解。这使得恢复力概念和内涵是不断发展的，在各个领域都需要对其进行特例化研究。可以预见，人们对恢复力内涵的解析将会进一步深化，正如 Carl Folke（著名恢复力研究机构瑞典斯德哥尔摩恢复力中心主任）指出的，出于对多元主义（pluralism）和认知灵活性（epistemological agility）的尊重，恢复力的概念不会统一，也不应该统一（Folke，2016）。此外，恢复力思维中的尺度问题、社会生态整合、理论模型也将是未来的理论研究重点。

2.4.2　生态恢复力的实践应用

目前，生态恢复力理论在受扰系统，如水、灾害系统中呈现出了良好的发展趋势。水生态系统遭受的扰动主要有氮磷污染、水位变化、生物变化等，系统状态有青草型清水、藻型浊水、泥沙型浊水等，稳态转换常带来结构功能的改变（Carpenter，2003，2005）。水生态系统恢复力研究大多与工程实际结合起来，用于湖泊治理和调控，如我国的太湖、洱海、滇池的水环境修复等（李玉照等，2013）。对于灾害系统，由于恢复力概念对于灾害领域具有重大现实意义，从联合国国际减灾战略到国内的国家综合防灾减灾规划、国家气象灾害防御规划，都体现了对恢复力的重视（袁顺和赵昕，2016）。目前，灾害恢复力理论已经在澳大利亚国家土地规划、中国灾后重建规划、气候与灾害恢复力倡议、世界减灾等方面进行了具体实践（张茜和顾福妹，2014；刘婧等，2006）。

在矿山生态领域，恢复力的实践应用不多，有学者将国际生态健康评价推荐标准（恢复力、活力）作为健康的指标之一，建立的矿区生态健康指标体系是资源、社会、环境方面的指示指标（贾锐鱼等，2011）。Grant 和 Doley 等强调了恢复力在恢复矿山生态系统和创建可持续生态系统中的重要作用（Grant，2006；Doley et al.，2012）。Joseph 指出应该从恢复力视角管理扰动和脆弱性，从而实现矿业社会-生态系统的可持续性（Wasylycia-Leis et al.，2014）。近来矿山复垦植被对野火的扰动响应得到了研究，其中恢复力被初步讨论（McKenna et al.，2017）。也有学者基于理论分析认识到应该多尺度对矿区植被生态系统恢复力进行定量测度（王丽等，2017），恢复力是矿区新、旧型生态系统构建的核心准则（张绍良等，2016）。

尽管恢复力的价值被广泛接受，恢复力的内涵得到了丰富和发展，但是恢复力的评估、建设、调控及工程应用还处在探索之中。恢复力概念仍较抽象，缺乏便于理解的指标，这使得恢复力甚至有被滥用（广泛使用而没有实用化）的嫌疑。恢复力的理论还需要大量的行业应用和实际案例来证明，特别是在恢复生态学领域，从恢复力理论到生态恢复方法，如何应用恢复力概念来直接指示系统应对一些扰动的相对能力、如何在生态恢复中强化恢复力，是未来恢复力实践应用的研究重点。

2.5　小　　结

恢复力是当前自然资源管理、环境科学与生态学的研究前沿之一，是继可持续性科学之后的崭新理论和实践命题。

恢复力研究已经有 40 多年，恢复力并不算新事物，甚至其基本思想在长期的人类实践历史中就可以找到，但是明晰地、科学地研究和开发这个概念还是在近10 年，特别是在自然资源管理方法的第二次大综合以后，恢复力充当着复合系统可持续管理的一个关键。

恢复力的重要性已经不可否认，但还需要在一些特殊领域对其进行深化研究，从而促进这些领域可持续性的保持，也促进恢复力理论的价值开发。恢复力科学当前正处在一个大讨论阶段，可以预见，对恢复力内涵的解析将会进一步加深，恢复力的实践应用也将越来越多。但是克服恢复力的庞杂，达成工程实践的方法导向，这一过程还需要大量研究及更多案例来支撑和验证。

参 考 文 献

蔡建明，郭华，汪德根. 2012. 国外弹性城市研究述评. 地理科学进展，31（10）：1245-1255.

蔡运龙，李军. 2003. 土地利用可持续性的度量——一种显示过程的综合方法. 地理学报，58（2）：305-313.

高江波，赵志强，李双成. 2008. 基于地理信息系统的青藏铁路穿越区生态系统恢复力评价. 应用生态学报，19（11）：2473-2479.

贾锐鱼，刘晓，赵晓光，等. 2011. 神府矿区生态系统健康水平评价. 煤田地质与勘探，39（5）：46-51.

李玉照，刘永，赵磊，等. 2013. 浅水湖泊生态系统稳态转换的阈值判定方法. 生态学报，33（11）：3280-3290.

刘婧，史培军，葛怡，等. 2006. 灾害恢复力研究进展综述. 地球科学进展，21（2）：211-218.

马世骏，王如松. 1984. 社会-经济-自然复合生态系统. 生态学报，4（1）：3-11.

史培军，郭卫平，李保俊，等. 2005. 减灾与可持续发展模式——从第二次世界减灾大会看中国减灾战略的调整. 自然灾害学报，14（3）：1-7.

汪辉，徐蕴雪，卢思琪，等. 2017. 恢复力、弹性或韧性?——社会——生态系统及其相关研究领域中"Resilience"一词翻译之辨析. 国际城市规划，32（4）：29-39.

王丽，雷少刚，卞正富. 2017. 多尺度矿区植被生态系统恢复力定量测度研究框架. 干旱区资源与环境，31（5）：76-80.

王群，陆林，杨兴柱. 2015. 千岛湖社会—生态系统恢复力测度与影响机理. 地理学报，70（5）：779-795.

宇振荣，肖禾，张鑫. 2013. 中国土地生态管护内涵和发展策略探讨. 地球科学与环境学报，35（4）：83-89.

袁顺，赵昕. 2016. 灾害视角下的生态恢复力提升问题国际研究进展. 国外社会科学，3（5）：83-88.

张茜，顾福妹. 2014. 基于城市恢复力的灾后重建规划研究. 海口：2014中国城市规划年会.

张绍良，杨永均，侯湖平，等. 2018. 基于恢复力理论的"土地整治+生态"框架模型. 中国土地科学，32（10）：83-89.

张绍良，杨永均，侯湖平. 2016. 新型生态系统理论及其争议综述. 生态学报，36（17）：5307-5314.

Acácio V, Holmgren M. 2014. Pathways for resilience in Mediterranean cork oak land use systems. Annals of Forest Science, 71 (1): 5-13.

Adger W N, Hughes T P, Folke C, et al. 2005. Social-ecological resilience to coastal disasters. Science, 309 (5737): 1036-1039.

Ainuddin S, Routray J K. 2012. Earthquake hazards and community resilience in Baluchistan. Natural Hazards, 63 (2): 909-937.

Arianoutsou M, Koukoulas S, Kazanis D. 2011. Evaluating post-fire forest resilience using GIS and multi-criteria analysis: An example from Cape Sounion National Park, Greece. Environmental Management, 47 (3): 384-397.

Bagchi S, Briske D D, Bestelmeyer B T, et al. 2013. Assessing resilience and state-transition models with historical records of cheatgrass Bromus tectorum invasion in North American sagebrush-steppe. Journal of Applied Ecology, 50 (5): 1131-1141.

Beisner B E, Haydon D T, Cuddington K. 2003. Alternative stable states in ecology. Frontiers in Ecology & the Environment, 1 (7): 376-382.

Bennett E M, Cumming G S, Peterson G D . 2005. A systems model approach to determining resilience surrogates for case studies. Ecosystems, 8 (8): 945-957.

Berkes F, Folke C, Colding J. 1998. Linking Social and Ecological Systems: Management Practices and Social Mechanisms for Building Resilience.Cambridge: Cambridge University Press: 1-20.

Bhagwat S A, Nogué S, Willis K J. 2012. Resilience of an ancient tropical forest landscape to 7500 years of environmental change. Biological Conservation, 153 (5): 108-117.

Biggs R, Schlüter M, Schoon M L. 2015. Principles for Building Resilience: Sustaining Ecosystem Services in Social-Ecological Systems.Cambridge: Cambridge University Press: 1-31.

Brand F S, Jax K. 2007. Focusing the meaning (s) of resilience: Resilience as a descriptive concept and a boundary object. Ecology & Society, 12 (2007): 181-194.

Bruneau M, Chang S E, Eguchi R T, et al. 2003. A framework to quantitatively assess and enhance seismic resilience of communities. Earthquake Spectra, 19 (4): 733-752.

Carpenter S R, Brock W A, Cole J J, et al. 2014. A new approach for rapid detection of nearby thresholds in ecosystem time series. Oikos, 123 (3): 290-297.

Carpenter S R, Defries R, Dietz T, et al. 2006. Millenium ecosystem assessment: Research needs. Science, 314 (314): 257-258.

Carpenter S R. 2003. Regime shifts in lake ecosystems: Pattern and variation. Excellence in Ecology, 15: 1-195.

Carpenter S R. 2005. Eutrophication of aquatic ecosystems: Bistability and soil phosphorus.

Proceedings of the National Academy of Sciences of the United States of America，102（29）：10002-10005.

Carpenter S，Walker B，Anderies J M，et al. 2001. From metaphor to measurement：Resilience of what to what? Ecosystems，4（8）：765-781.

Chang S E，Shinozuka M. 2004. Measuring improvements in the disaster resilience of communities. Earthquake Spectra，20（3）：739-755.

Chou J S，Wu J H. 2014. Success factors of enhanced disaster resilience in urban community. Natural Hazards，74（2）：661-686.

Colding J，Barthel S. 2013. The potential of 'Urban Green Commons' in the resilience building of cities. Ecological Economics，86：156-166.

Curtin C G，Parker J P. 2014. Foundations of resilience thinking. Conservation Biology the Journal of the Society for Conservation Biology，28（4）：912.

Dakos V，Nes E H V，Donangelo R，et al. 2010. Spatial correlation as leading indicator of catastrophic shifts. Theoretical Ecology，3（3）：163-174.

Doley D，Audet P，Mulligan D R. 2012. Examining the Australian context for post-mined land rehabilitation：reconciling a paradigm for the development of natural and novel ecosystems among post-disturbance landscapes. Agriculture Ecosystems & Environment，163（12）：85-93.

Fassoni A C，Takahashi L T，Santos L J D. 2014. Basins of attraction of the classic model of competition between two populations. Ecological Complexity，18（1784）：39-48.

Fischer J，Peterson G D，Gardner T A，et al. 2009. Integrating resilience thinking and optimisation for conservation. Trends in Ecology & Evolution，24（10）：549-564.

Folke C，Carpenter S R，Walker B，et al. 2010. Resilience thinking：Integrating resilience，adaptability and transformability. Ecology and Society，15（4）：299-305.

Folke C，Carpenter S，Walker B，et al. 2004. Regime shifts，resilience，and biodiversity in ecosystem management. Annual Review of Ecology，Evolution，and Systematics，35（1）：557-581.

Folke C. 2006. Resilience: The emergence of a perspective for social-ecological systems analyses. Global Environmental Change，16（3）：253-267.

Folke C. 2016. Resilience （Republished）. Ecology and Society，21（4）：44.

Grant C D. 2006. State-and-Transition successional model for bauxite mining rehabilitation in the Jarrah forest of Western Australia. Restoration Ecology，14（1）：28-37.

Gu H，Jiao Y，Liang L. 2012. Strengthening the socio-ecological resilience of forest-dependent communities：The case of the Hani Rice Terraces in Yunnan，China. Forest Policy & Economics，22（3）：53-59.

Gunderson L H，Holling C S，Gunderson L H，et al. 2004. Panarchy：Understanding transformations in human and natural systems. Ecological Economics, 49 (4): 488-491.

Gunderson L H. 2000. Ecological resilience—in theory and application. Annual Review of Ecology & Systematics, 31 (31): 425-439.

Hirota M, Holmgren M, Van Nes E H, et al. 2011. Global resilience of tropical forest and savanna to critical transitions. Science, 334 (6053): 232-235.

Holling C S. 1973. Resilience and stability of ecological systems. Annual Review of Ecology & Systematics, 4 (4): 1-23.

Holling C S. 2001. Understanding the complexity of economic, ecological, and social systems. Ecosystems, 4 (5): 390-405.

Hosseini S, Barker K, Ramirez-Marquez J E. 2016. A review of definitions and measures of system resilience. Reliability Engineering & System Safety, 145: 47-61.

Hulse D, Gregory S. 2004. Integrating resilience into floodplain restoration. Urban Ecosystems, 7 (3): 295-314.

Jones P J S, Qiu W, Santo E M D. 2013. Governing marine protected areas: Social-ecological resilience through institutional diversity. Marine Policy, 41 (7): 5-13.

Lake P S. 2013. Resistance, resilience and restoration. Ecological Management & Restoration, 14 (1): 20-24.

Lei Y, Wang J, Yue Y, et al. 2014. Rethinking the relationships of vulnerability, resilience, and adaptation from a disaster risk perspective. Natural Hazards, 70 (1): 609-627.

Lewontin R C. 1969. The meaning of stability. Brookhaven Symposia in Biology, 22 (22): 13-24.

Li D, Li J, Zheng Z. 2010. Measuring nonequilibrium stability and resilience in an -competitor system. Nonlinear Analysis Real World Applications, 11 (3): 2016-2022.

Lloyd M G, Peel D, Duck R W. 2013. Towards a social-ecological resilience framework for coastal planning. Land Use Policy, 30 (1): 925-933.

Ludwig D, Hilborn R, Walters C. 1993. Uncertainty, resource exploitation, and conservation: Lessons from History. Ecological Applications, 260 (5104): 17.

Macarthur R. 1955. Fluctuations of animal populations and a measure of community stability. Ecology, 36 (3): 533-536.

Mageau M T, Costanza R, Ulanowicz R E. 1995. The development and initial testing a quantitative assessment of ecosystem health. Ecosystem Health, 1 (4): 201-213.

McKenna P, Glenn V, Erskine P D, et al. 2017. Fire behaviour on engineered landforms stabilised with high biomass buffel grass. Ecological Engineering, 101: 237-246.

Ning X, Liu Y, Chen J, et al. 2013. Sustainability of urban drainage management: a perspective on infrastructure resilience and thresholds. Frontiers of Environmental Science & Engineering, 7 (5):

658-668.

Puettmann K J, Coates K D, Messier C C. 2009. A Critique of Silviculture: Managing for Complexity. Washingdon: Island Press: 1-20.

Rockström J. 2003. Resilience building and water demand management for drought mitigation. Physics & Chemistry of the Earth, 28 (20): 869-877.

Rogers K, Saintilan N, Colloff M J, et al. 2013. Application of thresholds of potential concern and limits of acceptable change in the condition assessment of a significant wetland. Environmental Monitoring & Assessment, 185 (10): 8583-8600.

Scheffer M, Hosper S H, Meijer M L, et al. 1993. Alternative equilibria in shallow lakes. Trends in Ecology & Evolution, 8 (8): 275.

Schouten M, Opdam P, Polman N, et al.. 2013. Resilience-based governance in rural landscapes: Experiments with agri-environment schemes using a spatially explicit agent-based model. Land Use Policy, 30 (1): 934-943.

Schröder A, Persson L, De Roos A M. 2005. Direct experimental evidence for alternative stable states: A review. Oikos, 110 (1): 3-19.

Slocum M G, Mendelssohn I A. 2008. Use of experimental disturbances to assess resilience along a known stress gradient. Ecological Indicators, 8 (3): 181-190.

Thompson I D, Mackey B G, McNulty S, et al. 2009. Biodiversity and climate change: a synthesis of the biodiversity/resilience/stability relationship in forest ecosystems. Cbd Technical, 43: 1-67.

Walker B, Carpenter S, Anderies J, et al. 2002. Resilience management in social-ecological systems: A Working hypothesis for a participatory approach. Ecology & Society, 6 (1): 840-842.

Walker B, Holling C S, Carpenter S, et al. 2004. Resilience, adaptability and transformability in social-ecological systems. Ecology & Society, 9 (2): 3438-3447.

Walker B, Salt D. 2006. Resilience Thinking: Sustaining Ecosystems and People in a Changing World. Washington: Island Press: 1-15.

Walker B, Salt D. 2012. Resilience Practice: Building Capacity to Absorb Disturbance and Maintain Function. Washington: Island Press: 1-25.

Wasylycia-Leis J, Fitzpatrick P, Fonseca A. 2014. Mining communities from a resilience perspective: Managing disturbance and vulnerability in Itabira, Brazil. Environmental Management, 53 (3): 481-495.

Xu L, Marinova D, Guo X. 2015. Resilience thinking: A renewed system approach for sustainability science. Sustainability Science, 10 (1): 123-138.

Xu L, Zhang F, Zhang K, et al. 2012. The potential and flux landscape theory of ecology. The Journal of Chemical Physics, 137 (6): 356.

Ye Q. 2014. Building resilient power grids from integrated risk governance perspective: A lesson learned from china's 2008 Ice-Snow Storm disaster. European Physical Journal Special Topics, 223 (12): 2439-2449.

Zakynthinaki M S, López A, Cordente C A, et al. 2013. Detecting changes in the basin of attraction of a dynamical system: Application to the postural restoring system. Applied Mathematics & Computation, 219 (17): 8910-8922.

第3章 矿山土地生态系统的基本特征

3.1 矿山土地生态系统的构成

土地生态系统这个概念已经被广泛使用，这是生态学与地理学交叉融合的结果。一般生态系统强调生产者、消费者和分解者之间的关系，土地生态系统是地表各自然地理要素之间及与人类之间相互作用所构成的统一整体（傅伯杰，1985；吴次芳和陈美球，2002）。工矿区是相对独立的地理学区域（李倩等，2013），矿山土地生态系统是以矿山生产作业区为核心的独特人工、半人工生态系统，这个系统受到采矿扰动，且不断演变（白中科，2008）。这些基础认识使得人们对矿山土地生态系统这个概念基本上达成共识，即矿山土地生态系统是指在采矿活动区及受其影响的有限时空范围内，以矿物、岩石、地形、土壤、水文和气候为环境介质，一定的相应的生物群落及其与人类之间相互作用而形成的统一整体。

3.1.1 矿山土地生态系统的组分

根据矿山土地生态系统的基本含义，矿山土地生态系统具有一个有限时空范围，空间范围一般由采矿活动的影响范围确定，可能会包括采矿权确定的范围、采矿权外的工业建设区和外部影响区，时间范围主要是从采矿前的探矿到复垦恢复后的一段时间。这种限定有利于明确矿山土地生态系统恢复力研究的时空边界。与一般土地生态系统不同，在矿山土地生态系统采矿活动的扰动下，岩层、地下水也构成了土地生态系统的受关注要素。另外，人也是系统的一员，正是因为矿山土地生态系统是一个人工干预的系统，人类的土地利用、生态恢复、环境管理等行动使得人类自身也成为这个系统的一部分。

表 3.1 总结了矿山土地生态系统的基本组分。矿山土地生态系统组分包括一般土地生态系统的基本组分，还包括矿山特殊的表现指标和主要作用。相对于矿山生产系统、矿区社会经济系统，矿山土地生态系统的关注点为土地生态系统，是个更加狭义的概念，因而排除了矿产资源、生产经营、机械设备等组分。另外，为方便了解组分，仅列举了一些常见的表现指标和主要作用。

表 3.1 矿山土地生态系统的基本组分

组分	表现指标	主要作用
气候	降水量、温度、湿度、干湿季时长等	系统水分储存、生物生长的关键因子
岩石	岩层厚度、岩层产状、化学性质、质地、导水性、强度等	影响采矿沉陷形态、尾矿和弃渣性状，如地下水渗漏、塌陷程度、重构岩层的稳定性、尾矿析出物的毒理性质等
水文	地下水埋深、水量、水质，地表水量、水质等	影响生物定居和人文活动，如动植物的空间分布、人居生存环境等
地形	形态、海拔、地势、坡度、坡向	影响区域水文循环、生物定居、能量固定等
土壤	质地、肥力、含水量、水势、污染物含量等	决定土地自然生产能力
生物	植被覆盖度、生物量、农作物产量、植物种群、植物多样性、动物种类、动物数量、动物多样性、微生物种类、微生物数量、微生物多样性等	影响土壤保持、水源涵养、多样性保持等
人文	矿山企业、农村或城市社会经济组织、土地权属、文化等	影响土地利用与管理（包括扰动响应、恢复利用等）的方式和效率

实际上，各个组分内部还具备很多要素，如生物中的植物，包括乔木、灌木和草本植物；水文，包括地下水、包气带水、地表水等。组成矿山土地生态系统的各个组分具备一定的等级关系，如气候、岩石、水文、地形都是区域尺度的组分，在微观尺度上变异不明显。而土壤、生物、人文组分的等级则较低，在矿山内部差异较大。这些组分之间相互关联、相互作用，如水文组分影响生物定居、土壤肥力影响土地的自然生产能力。由于矿山广泛分布在全球不同位置，因此组成矿山土地生态系统的组分数量、质量都有较大差别，如土地权属的差异导致不同的土地经营效率，荒漠矿区的水文和生物组分的多样性则低于热带雨林矿区。

3.1.2 矿山土地生态系统的结构

一般而言，系统结构是指各个组分相关联系和作用的方式，并在时空上排列组合成某种综合形态。对于矿山土地生态系统的各个组分来说，既有其他组分影响该组分，该组分也影响着其他组分，通过各类反馈关系，组分之间紧密联系在一起。多个组分间形成一定的空间结构，如地下部分的岩石与地下水之间，有不透水层间含水、松散岩层孔隙水等结构形式；地上部分的地表水、生物、地形之间，有沟谷河岸带喜水植被群落、沙丘旱生植被群落等结构形式。图 3.1 给出了简化的矿山土地生态系统组分间关联和结构的示意图。

多个组分的排列组合最终形成一个矿山土地生态系统的综合形态，这种综合形态一般被归纳为土地利用类型或者景观类型。一个矿山内部可能存在多个类型。这些形态包括各个组分排列组合的空间结构、时间结构、等级结构。例如，已复垦的排土场，实际上是在采矿复垦后，由下至上的破碎岩石（含孔隙水）、表土、生物、人文监管措施等构成的综合形态，这个综合形态属于矿区，且属于更大景观尺度上的扰动斑块；正在进行采矿活动的采掘场地是在采矿过程中，主要由岩石、水文构成的形态，这个形态缺少生物要素，也属于扰动斑块。常见的矿山土地生态系统综合形态，如排土场（已复垦、未复垦）、塌陷地（积水、未积水）、采掘场地（正在采掘、已废弃）、尾矿库（已复垦、未复垦）、原地貌（热带雨林、农田、荒漠、草原等）等。

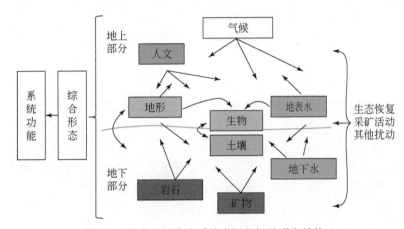

图 3.1　矿山土地生态系统多组分间关联和结构

实际上，矿山土地生态系统与其他土地生态系统（如草原、荒漠、森林、农田、城市）的结构有相似之处。不同之处在于，矿山土地生态系统既嵌入了人文组分（主要是矿山企业和当地社会经济组织），又大量地保留了部分自然组分及组分间的关系，这使得矿山土地生态系统的结构有别于其他土地生态系统。

矿山土地生态系统可能遭受采矿活动和生态修复工程等扰动的影响，因而除气候以外的各个组分可能会受到影响，甚至组分间的排列组合方式也会受到影响。例如，采矿活动将埋于地下的岩石破碎并倾倒在地表，重塑原有的岩石、土壤、水文的排列方式，形成尾矿库、渣土堆放场等结构形式；沉陷、挖损改变地形和径流形式，形成积水坑、水渗漏通道等结构形式；植被重植改变原有植被结构，形成人工重建植被群落等结构形式。因此，矿山土地生态系统结构的变化模式与其他土地生态系统也有区别。

矿山土地生态系统具有独特的结构特征，因而矿山土地生态系统的各种性质也与其他土地生态系统有明显的区别。此外，矿山土地生态系统在不同时间和空间上都不是同质的。矿山土地生态系统并不单指正在受采掘的场地，也不是笼统的全部矿山生命周期的唯一系统，而是由很多内部空间单元、时间阶段、子系统组成，这使得在遇到矿山土地生态问题时，可能需要针对矿山土地生态系统的某个空间部分或某个时间阶段来解决。

3.1.3 矿山土地生态系统的功能

能量流动、物质循环和信息传递是一般生态系统的内在功能，在这些内在功能的作用下，生态系统能够为人类提供生态系统服务，如初级产品、气候调节等。本书主要关注矿山土地生态系统向人类提供的最终生态系统服务（ecosystem service）。

生态系统服务的概念已经被广泛接受，不同类型的土地生态系统通过生态过程向人类提供物品和服务。因此生态系统服务是生态功能的最直接理解形式。一般将生态系统服务划分为供给服务、调节服务、支持服务和文化服务四种，尽管不同的标准对生态系统服务的二级类型划分有所区别，但都保持了一些常用的指标类型，如供给服务主要是提供初级产品，包括食物、淡水和薪材；调节服务主要是气候调节、水文调节和环境调节；支持服务主要是养分蓄积、土壤保育和生物多样性维持；文化服务主要是消遣与旅游、文化遗产。

表 3.2 矿山土地生态系统的主要生态系统服务

生态系统服务	表现指标	服务表现
供给服务	食物	原地貌为农业用地或者矿山恢复为农业用地时提供的主要功能，采掘场地、排土场、尾矿及其他因采矿完全退化的区域等不具备提供能力
	淡水	沉陷或采坑积水区、地下采空区改造为水库时提供的主要功能
	薪材	原地貌为林草地或者矿山恢复为林草地时提供的主要功能，其他场地有自然演替的植被时也具备一定的提供能力
	其他资源	为人类活动提供场所、空间、物质资源，如建筑场地、矿产品等原材料
调节服务	气候调节	原地貌、沉陷未积水区、生态恢复后的场地一般都具备调节服务能力，但采掘场地、排土场、尾矿及其他因采矿完全退化的区域等调节服务能力极差，甚至提供负向调节能力，如释放温室气体、析出有害物质、增大水土流失量、损伤多样性
	水文调节	
	环境调节	
支持服务	养分蓄积	
	土壤保育	
	生物多样性维持	
文化服务	消遣与旅游	具有文化与科学价值的采矿遗迹、生态恢复研究与示范区，被重建为风景旅游、休闲农业等类型的场地。一般采掘场地、排土场、尾矿、受沉陷威胁的区域不具有文化服务能力，甚至禁止人员接近
	文化遗产	

表 3.2 列出了矿山土地生态系统常见的生态系统服务，分析了矿山土地生态系统不同形态下的服务提供能力。可以看出，矿山土地生态系统由于内部差异性和阶段性，未扰动场地、非采掘扰动场地、恢复后的场地都具备一定程度的生态系统服务提供能力。而矿山内部土地生态系统形态转变则可能引起生态系统服务能力的减弱或消失，这种形态转变包括原地貌直接被人为改造成采掘场地、排土场、尾矿等采矿场地，也包括原地貌和复垦恢复场地退化为生态系统服务能力较弱的形态，如荒漠、裸地等。

独立工矿区的主要功能是支持矿产资源的开发，有如下几种情况时，矿山土地生态系统的功能显得尤为重要，其一，采用井工方法采矿时，不破坏土地表层组分，地表土地仍然需要维系居民生计；其二，正在开发的矿山位于重要生态功能区，如生态脆弱区、生物多样性保护、水源涵养区；其三，采矿结束后，需要从采矿迹地提取土地生态系统服务，维系人类福祉。实际上，随着人口增加，土地资源稀缺，矿山土地生态系统服务功能变得越发重要。

3.2　矿山土地生态系统的扰动

扰动也被称为干扰。在生态学观点下，扰动一般被认为是一种暂时变化，这种暂时变化可能是生物或非生物条件的变化，这种暂时变化可以使得生态系统发生显著变化（Clewell and Aronson，2013）。常见的扰动如火扰动、放牧、森林采伐、道路建设等。扰动是自然界中普遍存在的一种现象，直接影响着生态系统的结构和功能，对生态环境的影响有利有弊（陈利顶和傅伯杰，2000）。在矿山领域，采矿扰动会受到广泛关注，采矿扰动是因采矿活动而产生的，会对矿山生物和非生物环境造成影响。此外，土地复垦与生态修复其实也是一种扰动，主要是露天采矿等造成的地表挖掘损毁土地，地下采矿等造成的地表塌陷土地，固体废弃物压占土地采取的地形重塑、表土覆盖、充填扰动措施。

3.2.1　采矿活动的扰动

1. 扰动形式

矿山土地生态系统所遭受的扰动主要是因采矿活动产生的。世界上主要的采矿方法为露天开采和井工开采两种形式（图 3.2）。露天开采是对浅埋矿产资源的上覆岩层、土壤、植被等进行剥离和移除，采矿扰动与恢复形式较单一。相比之下，井工开采的扰动则较为复杂，由于矿产资源赋存条件和本底生态条件不一样，采矿扰动形式具有较大的地域分异性，如潜水位的差异使得采矿沉陷后积水状况不同。因此，对于井工开采，有高潜水位与低潜、平原与山地等不同井工开采的扰动形式（杨永均等，2015）。在各种矿物生产中，煤炭开采破坏最严重，以下利用平朔露天煤矿、徐州高潜水位平原井工煤矿、神东低潜水位井工矿区、昭通低潜水位井工矿区的实地调研数据展开分析。

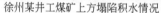

徐州某井工煤矿上方塌陷积水情况　　　攀枝花某露天铁矿开采情况

图 3.2　采矿活动与生态扰动实例

1）露天采矿

以中国平朔露天煤矿的基础资料（白中科等，1999；王金满等，2013；杨博宇等，2017），绘制土地生态系统剖面图，如图 3.3 所示。露天采矿一般包括采、剥、运、排、覆等工艺流程。采掘区直接剥离上覆的岩土层时对土地生态系统组分（如土壤、水文、生物）都会造成直接摧毁。同时土地使用权也转让给矿山企业，土地管理也因此发生变化。有用矿物被取出后，松散岩土或尾矿被堆放在内或外排土场，对原地貌的生态组分形成压占或污染扰动。经过采矿扰动后，岩层和地形被重新塑造，改变了区域景观结构。平朔露天煤矿每年黄土剥离量达到3500 万～4000 万 m^3（杨博宇等，2017），近 30 年有 127.57km^2 林地和耕地被直接移除（张笑然等，2016），此外，排土压占也是一种剧烈的扰动，如平朔露天煤矿排土形成了相对高度达 190m 的山丘，这些人工岩土体又间接带来失稳变形、滑移等扰动，还存在矸石堆积、自燃、污染扰动（樊文华等，2010；郭麒麟等，2012）。

整体来看，露天采矿带来的生态效应是突然的、强烈的，原有的土地生态系统组分及其关系都被重组，如原地貌被重塑，松散层的土壤结构被重塑。露天采矿的生态影响范围也不仅局限于矿业活动操作区，也可能会影响流域水文系统，如造成周边地区的潜水疏排到露天采坑中。其他非金属和金属矿种露天开采的大致扰动过程一致，且污染程度可能会更加严重。这种采矿扰动形式世界各个大洲都有分布。例如，美国阿巴拉契亚山脉总计有 639 处被露天采矿削平（平均削低34m），有 284 处被充填（平均填高 53m）（Wickham et al.，2013）。

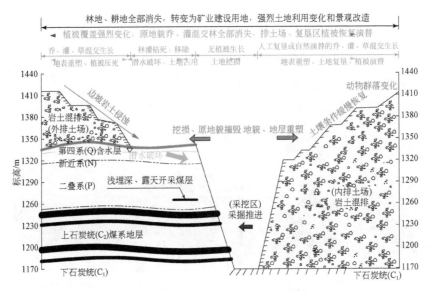

图 3.3　平朔矿区露天采矿及其生态扰动

2）井工采矿

以中国徐州高潜水位平原井工煤矿为例，绘制土地生态系统剖面图，如图 3.4 所示。通过井工方式将煤炭资源采出后，上部岩层垮落、裂缝、弯曲，导致地下水被疏浚到采空区。岩层形变传递到地表将形成一个比采空区大的沉陷盆地。当地表水径流不畅或潜水位埋藏浅时，就形成积水区。沉陷带来地表土壤裂缝、拉伸、压缩、倾斜等扰动，容易导致水土流失、农田减产等。徐州庞庄煤矿实测最大下沉 13.0m，淮南丁集矿区 1141（3）工作面实测最大下沉 2.5m（王宁等，2013），此外，井工开采还可能引起裂缝与土体破坏（杨泽元等，2017；雷少刚等，2017）、隔水关键层破裂（Fan and Zhang，2015）、充填复垦污染（Dong et al.，2016）等扰动。伴随煤炭提升到地面的矿井水、矸石等可能会引起污染。这种采矿扰动形式分布在我国东部、欧洲中部（德国、波兰等）、美国伊利诺伊州等矿区。

干旱-半干旱地区的井工采矿也会导致沉陷、污染等生态扰动，扰动的过程与高潜水位矿区相似，如图 3.5 所示，主要是由当地土地生态系统的组分不同导致的。在岩层方面，煤层埋深浅，上部岩层可能缺乏隔水层、地表松散层或者沉陷弯曲带，导致岩层裂隙直接沟通地表，沉陷变形更严重；在水文方面，沉陷带来的裂缝可能导致地表径流消失、地下水位下降等，使得水资源受到破坏；在生物方面，群落结构简单，生态脆弱，在扰动后更容易产生生态退化。这种问题在干旱-半干旱地区最突出，如我国的西北地区、中亚干旱地区、美国犹他州、澳大利亚内陆、波兰南部高地矿区等。近年来，随着我国能源开发重心向西转移，西部

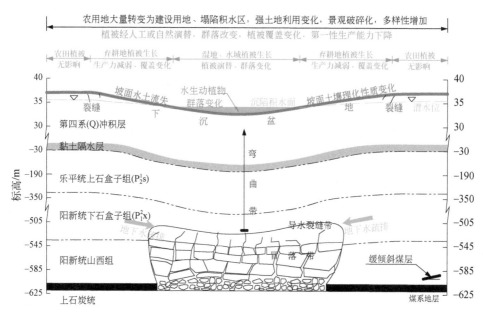

图 3.4 徐州高潜水位平原井工煤矿及其生态扰动

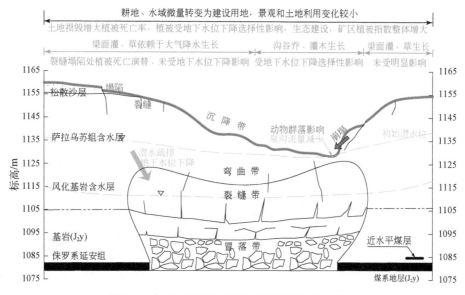

图 3.5 神东低潜水位井工矿区采矿及其生态扰动

荒漠、黄土、草原区域的开采沉陷扰动成为关注热点。从采矿条件来看，浅部煤层的超大工作面开采引起高强度的覆岩与地表垮落（范钢伟等，2011），较大的导水裂缝带高度易沟通地下富水地层（Liu et al., 2015）；从地质条件来看，地表松散层为厚黄土、风积沙，会形成下沉台阶、可愈合裂缝（王新静等，2015）等扰动形式。

山地井工采矿也具有一般开采沉陷的扰动过程，如图 3.6 所示。这种采矿扰动形式在我国西南地区较为多见。这些地区岩层产状特殊，煤层倾角大，地表松散层薄，沉陷常常形成塌陷坑、附加坡度、地表岩石崩塌滑移等扰动。但是这些地区生物多样性丰富，气候条件好，雨水充沛，受扰动后植被能够自然恢复，不过采矿可能导致局部生物扰动和景观改变。

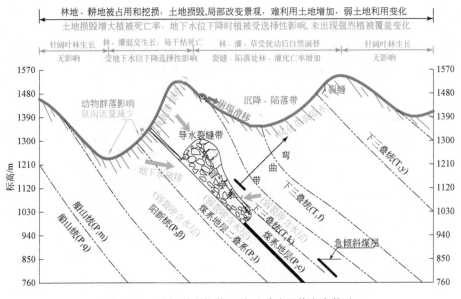

图 3.6　昭通低潜水位井工矿区采矿及其生态扰动

3）矿物加工与处理

矿物加工是依据矿物质的化学和物理性质，利用不同的技术方式来进行加工处理的过程，如重选、电磁选、浮选等方式。矿物加工活动首先需要占用土地，将其作为加工洗选场地，如石油生产时，占用土地来安装石油提取设备等。其次，在矿物加工过程中，排放的废水、废渣、废气对土地生态系统造成污染，特别是金属矿物的处理，伴生的重金属污染物排放后，对生物要素造成显著的负面影响。矿物加工排放的废渣有时候也会形成大量的土地压占，如金属矿的尾矿库、煤矿的矸石山等。一些尾矿库和矸石山还存在滑坡、爆炸、自燃等二次扰动。

2. 采矿扰动的生态效应

从上述几个案例的采矿扰动过程分析结果来看，采矿扰动的形式是多样的，扰动过程也甚为复杂，大致有挖损、压占、沉陷、污染四类扰动，且不同的扰动类型有具体的扰动形式。表 3.3 总结了几个扰动类型、内容及生态效应。尽管扰动形式和内容较为复杂，但都是对土地生态系统的几个组分（包括岩石、地形、水文、土壤、生物、人文）及其排列组合形态造成扰动。而生态效应也通过土地生态系统的组分及其排列组合形态指标表现出来。据估计，到 2020 年中国东部矿粮复合区有 $3830km^2$ 土地将受到塌陷积水、废弃物污染等影响（Hu et al.，2014）。由于农田的水土条件受到影响（Cheng et al.，2014；Lechner et al.，2016），当地生态系统功能和结构发生剧烈改变（侯湖平等，2014；Bian et al.，2013）。同样地，德国东部 Lusatian 矿区积水使得水域面积的比例增加 25%（Krümmelbein et al.，2012），生境更加破碎（Antwi et al.，2008），生态系统服务也随之改变（Larondelle and Haase，2012）。

表 3.3　主要采矿扰动类型、内容及生态效应

类型	内容	生态效应
挖损	剥离矿产资源上覆的所有组分； 挖损区和周边区地形、水文改变； 土地权属与管理方式改变	土地生态系统结构重组，土地利用方式和景观同质化，生态系统服务功能提供能力消失，甚至提供负面效应，如增大水土流失量
压占	覆压原地貌土地生态系统组分； 重组土地生态系统的物理性组分； 土地权属与管理方式改变	
沉陷	岩层垮落、破裂、弯曲； 地表土壤裂缝、拉伸、压缩、下沉、倾斜、陷落； 地下水疏漏、地表径流条件改变、地表积水	土地生态系统结构改变，如土地覆盖结构变化，土地生态系统服务提供能力下降或转变，如水土条件变差，农田森林的初级产品生产能力下降；或者土地废弃，由初级产品提供能力消失转变为调节支持服务
污染	尾矿、渣土、夹矸等污染物析出，污染地表土壤、水文、生物组分	土地生态系统污染物富集，生态系统服务功能提供能力下降，如植被生长不良，不能提供健康的初级产品（如食物、淡水）

在这些扰动中，挖损属于脉冲型扰动，持续时间较短，如对一个较小的土地单元来说，露天挖损在 1～2 年内完成。相比之下，沉陷扰动的持续时间稍长一些，井工采矿后一般 2 年内稳沉，但当有重复采动、老采空区活化时，沉陷扰动的时间可能更长。压占和污染则属于长期压迫型扰动，持续时间长。

表 3.3 是对一些主要的扰动内容进行的总结，概括了矿山的常见扰动。实际上，根据关注区域和管理目的的不同，扰动内容可以进一步被扩展和细化，如沉陷裂缝，有动态裂缝、永久裂缝的区别；压占重组，无表土覆盖和有表土覆盖、压实与非压实的区别。此外，还有一些特殊矿山扰动和次生扰动需要被关注，如

煤自燃、矸石山自燃、次生地质灾害（矿山滑坡、泥石流、小型地震等）。这些扰动同样会对矿山土地生态系统的组分及形态造成影响，如煤火影响土壤水分和温度，导致生物生长受到限制。

3.2.2 复垦或修复的工程扰动

除采矿活动扰动以外，还有一些人工生态恢复工程在矿山土地生态系统恢复中起主导作用，也是矿山土地生态学研究关注的重点。采矿迹地生态恢复实例如图 3.7 所示。多年以来矿山土地复垦与生态修复积累了很多工程技术，如半干旱矿区的含水层再造（张发旺等，2005）、美国阿巴拉契亚发展林业复垦法（Wilson-Kokes et al.，2013）、我国东部采煤沉陷地引黄充填（胡振琪等，2017）和动态复垦技术（Hu and Xiao，2013）、神东矿区成本效益型修复策略（胡振琪等，2014）、印度微生物辅助矿山复绿技术（Juwarkar et al.，2009）、西班牙以森林生物质能源基地恢复采矿迹地（Rosillo-Calle et al.，2016）。

徐州采煤塌陷地复垦情况　　　　　　澳大利亚某露天采坑生态恢复情况

图 3.7　采矿迹地生态恢复实例

这些生态工程对于土地生态系统组分及形态的改变、生态系统服务的维持具有重要作用，如利用金属富集植物可以缓解土壤污染（Erskine et al.，2012）、澳大利亚昆士兰 Ernest Henry 矿区土地修复后的草地在功能和组分上与参考点相似（Vickers et al.，2012）。然而，人工措施始终面临成本与效益的权衡（Mishra et al.，2012；Sullivan and Amacher，2010），而且人工干预的效果并非始终优于自发修复（Tropek et al.，2012），研究表明采矿迹地的自发演替为两栖动物创造了更好的栖息地（Doležalová et al.，2012），Holl 研究 Virginia 露天矿区人工恢复的植被群落结构异于周边参考点，其生态保护作用受到限制（Holl and Cairns，1994）。

表 3.4 总结了主要的矿山土地生态恢复工程类型及效应。这些工程主要包括

预防控制、表土剥覆、充填复垦、挖深垫浅、坡面治理、水利兴修、交通建设、生物修复、农田防护、土地调控、景观建设，这些生态恢复工程主要作用对象仍然是矿山土地生态组分及其组合形态，主要作用则是改造或者局部改造土地生态系统的组分和形态，使之保持或者提高土地生态系统服务能力。

表 3.4　主要矿山土地生态恢复工程类型及生态效应

类型	内容	生态效应
预防控制	保护矿柱、采空区充填、离层注浆、协调开采等	减少对土地生态系统要素的扰动，如减少裂缝、沉降、地下水疏漏等，维持土地生态系统服务
表土剥覆	表土剥离存放、表土（客土、原生土）覆盖等	土壤肥力改变，因而改变土地生态系统支持、调节服务
充填复垦	裂缝充填、沉降充填等	改变地形、土壤等物理组分，恢复系统水文调节、土壤保育等支持服务的提供能力
挖深垫浅	挖掘、蓄水、覆土、平整等	局部重组土地生态系统组分，改变系统生产、支持、调节和文化服务提供能力
坡面治理	降坡、护坡、梯田等	改变地形组分，可能降低次生地质灾害风险，提供生态系统服务能力
水利兴修	兴建地表或地下水库、引水设施、灌排沟渠等	降低干旱、洪涝的生态风险，提供生态系统服务能力
交通建设	生产、生活道路等	提高土地利用效率，增强土地生态系统管护能力；转变原有土地用途
生物修复	动植物、微生物恢复等	重组生物组分，改变初级产品的提供能力，可能提高系统支持和调节服务的提供能力
农田防护	防风林、固沙林等	可能提高农田防灾能力，保持初级产品的提供能力
土地调控	土地利用结构、方式、权属、管理制度调整	改变土地利用效率，改变土地生态系统服务长期保持能力
景观建设	遗迹、观赏性湖泊等景观设施	改变土地生态系统组分的排列组合形态，可能提高土地生态系统的文化服务能力

　　一般地，这些人为的生态恢复工程如果被成功实施，可以对矿山土地生态系统组分及组分间的关系产生作用，从而产生人们期待的正面效应，如对沉陷区进行充填复垦可以重塑土壤结构，增加耕地使得沉陷区恢复粮食生产的生态系统服务能力。但是这些工程的实施会带来社会经济成本，更重要的是，可能同时带来负面效应，如在充填复垦过程中，引入的充填物料可能会析出污染物，对矿山土地生态系统的土壤组分产生负面影响，使得沉陷区土地丧失提供清洁、健康粮食的能力。因而，这些生态恢复工程也可以被看作施加在矿山土地生态系统中的扰动。这种扰动有正面效应，也有负面效应。

3.2.3　其他自然或人为扰动

除矿业活动和修复工程的扰动以外，矿山土地生态系统还遭受着自然和其他人为扰动，如土体在重力作用下产生滑坡；排土压占区或剥离区重组的松散岩石和土壤在重力作用下板结；裂缝在自然营力（水、风等）作用下被自动充填；污染物在生物和非生物的作用下逐渐被分解；生物随着风、水流等发生自然迁移；覆盖土地的农作物随土地非农化而被清除。这些自然营力、社会作用对矿山土地生态系统进行的塑造作用是引起矿山土地生态变化的重要潜在作用，也可以被看作一种对矿山土地生态系统的扰动。根据现场调研和资料分析，表3.5总结了主要矿山生态恢复期扰动类型、内容及效应。这些自然和人为扰动主要包括生物入侵、气候变化、野火、砍伐、放牧、干旱、洪涝、虫灾、风灾、土地利用变化等。

表 3.5　其他自然或人为扰动类型及效应

类型	内容	效应
生物入侵	生物组分变化，如多样性丧失、同质化程度增强	影响土地生态系统服务的提供能力，适度扰动时，可能会增强生态系统服务提供能力；扰动严重会使部分服务能力丧失，如林草地、耕地退化为沙地或次生裸地时，初级产品提供能力丧失
气候变化	气候要素变化，如温度升高、大气 CO_2 浓度升高等	
野火	生物和土壤组分变化，如植被死亡、土壤温度和肥力改变	
砍伐	改变生物组分的植物要素，如群落结构改变、多样性损失	
放牧	生物和土壤组分变化，如多样性改变、土壤压实破坏	
干旱	气候和水文组分变化，降雨少、可利用水量少等	
洪涝	气候和水文组分变化，降雨多、水分过量等	
虫灾	生物组分变化，如多样性损失、立地生物量损失	
风灾	土壤和生物组分变化，如土壤侵蚀、立地生物量损失	
土地利用变化	改变人文组分，如土地用途、土地权属、管理制度、产业结构、人口承载量、经营模式，进而影响植被、土壤、水文等组分	土地利用模式和效率改变，土地生态系统服务能力和结构变化

针对不同矿山，这些扰动并不一定会发生，但都具备一定的发生风险。除了上述常见的扰动以外，还有其他不可预知的扰动风险。这些扰动仍然会对矿山土地生态系统组分及组合形态产生影响，这些扰动的表现形式和程度与采矿略有差异，但和采矿、恢复工程一样，都有可能造成土地生态系统形态的转变，从而引起生态系统服务能力的改变。

3.3　矿山土地生态系统的动态

在矿业活动、生态修复工程、自然扰动及其他人为扰动的影响下，矿山土地生态系统的各种组分及组分间的关系会发生变化，继而影响土地生态系统的结构、功能及生态系统服务能力。

3.3.1　特征指标的时序变化

1. 时序变化的基本形式

大量观测都表明矿山土地生态系统的特征量依赖时间（张笑然等，2016；王金满等，2012；Lei et al.，2016；Larondelle and Haase，2012；Hou et al.，2015）。特征量是反映矿山土地生态系统特征的参量，如结构特征、功能特征。一般地，在矿山土地生态监测与评价中，采用较多的有：描述土地生态系统各个要素的性质指标，如土壤或水文的理化性质、生物的数量和种类、地形的高低和平整度等；描述矿山土地生态系统功能特征的指标，如生产力、土壤保持量、水源涵养量、污染物累积量等；描述矿山土地生态系统结构的指标，如土地利用模式、植被组成、地层顺序。在一个土地单元上，这些特征量随时间不断变化，体现出时序变化性质。

时序变化具有几个基本形式。其一，随机波动，系统特征量由于受到多种因素的影响，呈现出随机波动的特征，这种波动表现出不确定性，呈现偶然上升、下降的现象，这种形式较常见，如受到气候波动的影响后，内蒙古高原矿区植被指数不稳定（Eckert et al.，2015），会呈现随机波动特征。其二，趋势变化，这种变化可以细分为长期或短期趋势，线性或非线性，上升、下降或者平稳趋势。例如，观测到平朔露天煤矿的植被生物量和土壤质量演替呈逻辑斯谛增长（王金满等，2013），这表现为一种非线性趋势变化。其三，突变，这种变化形式具有时间短、突然性的特点，这种变化在矿山土地生态系统中较常见，如采空区顶板的突然垮落，地面突然沉陷，露天采矿区植被的突然清除。其四，季节波动，不同季节气候要素不同，使得一些矿山土地生态系统特征量随季节变动，如地下水位受降雨影响呈雨季高、旱季低的特点，对于植被物候变化来说，其植被指数呈冬季低、夏季高的波动特点。

2. 时序变化的实例分析

1）系统特征指标

本书选取一个生态学意义较丰富的指标来说明系统的时序变化特征。特征指标的选取遵循敏感性、数据可获取性、代表性原则。植被是矿山土地生态系统的主体，也是采矿扰动的主要组分之一，对采矿扰动较为敏感。另外，矿山扰动是在有界斑块内进行的，为实现长时序的历史动态研究，使用有时空特征的遥感数据作为数据源。研究表明遥感数据的植被总初级生产力这个指标对于局部植被扰动具有较好的敏感性和代表性（Running et al.，2004；Gao et al.，2003）。而 MODIS 卫星提供了长时间地面光谱数据，因此可以根据 MODIS 遥感数据，连续观测地面多年的植被总初级生产力。因此，这里考虑将基于 MODIS 遥感数据的植被总初级生产力作为矿山土地生态系统植被功能的特征指标。

GPP 是指单位时间内生物通过光合作用途径所固定的光合产物量或有机碳总量，又称总第一性生产力或总生态系统生产力，是反映生态系统功能的重要指标。在理想水分和肥力条件下，植被生产力与其吸收的光合有效辐射呈线性相关关系（Monteith，1972）。因此，采用光学遥感数据可以估算得到 GPP $[g\ C/(m^2/d)]$，基于 MODIS 遥感数据的一般模型形式如下（Running et al.，2004）：

$$GPP = \varepsilon \times APAR \tag{3.1}$$

式中，ε 为光能利用率（g C/MJ）；APAR 为植被吸收的光合有效辐射（MJ/m²）。ε 由最大光能利用率 ε_{max} 和水分、温度胁迫系数计算得到：

$$\varepsilon = \varepsilon_{max} \times TMIN\_scalar \times VPD\_scalar \tag{3.2}$$

APAR 为植被光合有效辐射（PAR）（MJ/m²）和植被光合有效辐射吸收比例（FPAR）的乘积：

$$APAR = PAR \times FPAR \tag{3.3}$$

由于植被指数可以直接定量反映 FPAR 的大小，这里 FPAR 约等于归一化植被指数（NDVI）（取值范围为 0～1）：

$$FPAR = APAR / PAR \approx NDVI \tag{3.4}$$

PAR 一般为太阳总辐射 SWRad 的 0.45 倍：

$$PAR = 0.45 \times SWRad \tag{3.5}$$

2）案例分析

采矿活动遍布全球，陆地采矿对生态的扰动极为严重，采矿是造成土地退化的重要因素之一。为研究矿山土地生态系统动态行为的一般规律，选择对全球 4 个不同地理区域的、具有不同特点的矿山进行分析。实例矿山基本情况如表 3.6 所示。

表 3.6 实例矿山基本情况

地点	生态系统	年降水量（mm）	年平均气温（℃）	采矿扰动	生态恢复
Catenary Coal's Samples mine in Kanawha County，WV，美国	温带针阔叶混交林	1118	9.0	山顶采矿	林业恢复
补连沟，内蒙古，中国	中温带稀疏灌草丛	345	6.7	地下采矿	地面绿化
Welzow-Süd，Lower Lusatia，德国	温带草原-森林	563	8.9	露天采矿	森林重建
Curragh，Queensland，澳大利亚	亚热带灌木疏林草原	560	21.9	露天采矿	植被重植

实例矿山的地理位置如图 3.8 所示。

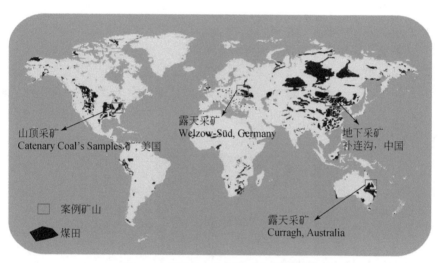

图 3.8 实例矿山空间地理位置示意图

A. Catenary Coal's Samples 矿，美国

该矿位于美国西弗吉尼亚州的 Kanawha 县，由 Catenary 公司运营。该区域属于阿巴拉契亚煤田，成煤于石炭纪，平均采厚 1.7m，煤层埋深浅于 100m。当地本土生态系统为硬木阔叶林，树种包括白栎、白松、鹅掌楸、糖枫等。该矿采用山顶采矿（mountaintop mining）方法，直接剥离山顶的植被和表土，再露天采煤炭。采矿结束后，采用林业复垦法（forestry reclamation approach），主要步骤包括创建适宜树木生长的根系培养基质、松散地排列表土或者表土替代物、播种一些兼容树木的覆盖植物、栽种树木和经济木幼苗、施用合适的树木培育技术。在矿区及周边选取扰动区（2002 年扰动）、恢复区（2003 年开始恢复）、对照区（本土森林），如图 3.9 所示。

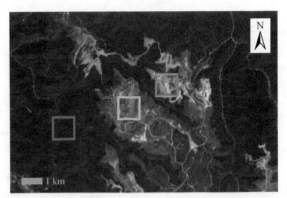

图 3.9　美国 Catenary Coal's Samples 矿

B. 补连沟，中国

该矿位于中国内蒙古自治区，由神华公司运营。该区域属于神府-东胜煤田，成煤于侏罗纪，煤层平均埋深 200m，采厚 4.4m。当地本土生态系统为半干旱稀疏灌草，土壤类型为沙土。该矿采用长壁开采方法，工作面平均长度为 2km。采矿活动始于 2006 年。该区域位于毛乌素沙地和黄土高原接壤处，生态退化风险严重。为比较生态系统运行情况，在距离矿区 200km 外选取沙漠、森林作为参考对照区，如图 3.10 所示。

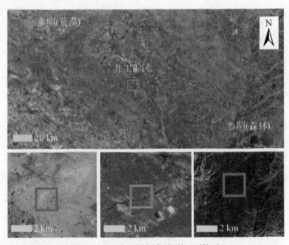

图 3.10　中国补连沟井工煤矿

C. Welzow-Süd，德国

该矿位于德国柏林东南 150km 处的 Brandenburg 州。该区域属于 Lusatia 煤田，成煤于古近纪/新近纪，厚 10~20m，埋深 40~120m。当地本土生态系统为混交林，主要树种包括垂枝桦、柳树、松树、岩生栎等。采用露天剥离方法（opencast strip mining）

采矿。采矿结束后，先覆黏土，再覆盖沙土作为含水层，然后种植苜蓿、刺槐等植被。选取采矿区、恢复区、森林对照区作为动态特征研究对象，如图 3.11 所示。

图 3.11　德国 Welzow-Süd 露天矿

D. Curragh，澳大利亚

该矿位于澳大利亚昆士兰州。该区域属于 Bowen 盆地煤田，成煤于二叠纪，煤厚 10～30m，埋藏浅于 100m。当地本土生态系统为金合欢、桉树、莓系属的牧草、绿藤蔓丛组成的稀疏灌草原。采用大型露天开采方式开采煤矿。采矿结束后，平整地形、覆盖表土，然后进行植被播种，主要种子包括相思树、桉树、决明属灌木。选取采矿区、恢复区、森林对照区作为动态特征研究对象，如图 3.12 所示。

图 3.12　澳大利亚 Curragh 露天煤矿

3）数据与方法

A. 数据

利用 MODIS 的 GPP 数据产品（MOD17A2H 第六版本，8 天间隔，500m 空间分辨率）提取 GPP 及数据质量数据（Psn_QC）。

B. 方法

依据 MODIS GPP 数据的质量（Psn_QC）数据，剔除 GPP 时间序列中有云和受到云扰动的数据，剔除模型数据质量较差的 100 和 111。对缺少数据的部分，采用线性插值的方法进行插值。首先，当首个时间序列中 GPP 数据缺失时，则以最近日期的 GPP 数据替代。然后，其他缺失值采用前后值的线性插值。线性插值公式如下：

$$\text{GPP}_t = \text{GPP}_{t_0} + \alpha \times (\text{GPP}_{t_1} - \text{GPP}_{t_0}) \tag{3.6}$$

$$\alpha = (t - t_0)/(t_1 - t) \tag{3.7}$$

式中，GPP_t 为 t 时刻待估计的 GPP 值，这里，GPP 数据用 Google Earth Engine 云计算工具提取，空间分辨率为 500m×500m，其值为 8 天 GPP 累加值的 10 倍，单位为 0.1g C/(m²/8d)；GPP_{t_0}、GPP_{t_1} 分别为 t 时刻前后两个时点可用的 GPP 值；α 为系数，数学含义为 t 时刻前后两个时点可用的 GPP 值连线的斜率。

利用 BFAST 算法（Verbesselt et al.，2010）探测趋势、周期、波动、突变点、物候特征值，从而识别出矿山生态演变的不同阶段，即扰动、退化、恢复、次生扰动。BFAST 算法基本模型为

$$Y_t = T_t + S_t + e_t \qquad (t = 1, \cdots, n) \tag{3.8}$$

式中，Y_t 为时间 t 上所观察到的植被指标（GPP）；T_t 为趋势成分；S_t 为季节性成分；e_t 为残差。设趋势成分有 m 个突变点（记为 τ_1^*，…，τ_m^*），则在第 i 个突变点和第 $i+1$ 个突变点间，长期趋势 T_t 分段拟合的线性模型为

$$T_t = \alpha_i + \beta_i t \qquad (\tau_{i-1}^* < t \leqslant \tau_i^*) \tag{3.9}$$

式中，i 为突变点位置，$i=1$，…，m。$\tau_0^* = 0$，$\tau_{m+1}^* = n$。α_i 和 β_i 分别为突变点 i 和 $i+1$ 之间线性模型的截距和斜率，可以表示突变的程度和方向。相似地，设季节性成分有 p 个突变点（记为 $\tau_1^\#$，…，$\tau_p^\#$），则在第 j 和 $j+1$ 个突变点间，季节性成分 S_t 分段拟合的模型为

$$S_t = \sum_{k=1}^{K} \alpha_{j,k} \sin\left(\frac{2\pi kt}{f} + \delta_{j,k}\right) \tag{3.10}$$

式中，j 为突变点位置，$j=1$, $\cdots$, p。$\tau_1^{\#}=0$，$\tau_{p+1}^{\#}=n$。k 为周期模型中调和项的数目；f 为频率（GPP 取 8 天间隔数据，f 取 46）；$\alpha_{j,k}$ 和 $\delta_{j,k}$ 分别为振幅和时相，可以表示物候特征。

趋势和季节成分的突变点识别需要明确突变点数量和时间位置。基于最小二乘法的移动求和检验来识别是否具有突变点。关于趋势成分和季节成分突变点数量和时间位置的求取，首先分别剔除季节成分（Y_t-S_t）、趋势成分（Y_t-T_t），然后使用贝叶斯信息论准则来确定突变点的最优数量，最后使用最小二乘法估计突变点在时间序列中的位置。

4）结果与分析

由于 MODIS 最早从 2000 年 2 月开始提供监测数据，从各个案例矿山中选取在 2002 年 2 月至今动态行为较为丰富的土地生态单元至少 1km×1km（图 3.9～图 3.12 中的扰动单元），尽量包括对采矿扰动和生态恢复的土地单元进行数据提取，且包含至少 4 个 MODIS 像元，以克服坐标偏移的影响。数据提取后，按照上述动态趋势探测与轨迹分析方法，得到的结果如图 3.13～图 3.16 所示。

图 3.13 中的土地生态单元于 2002～2003 年完成山顶采矿，GPP 长期轨迹如图 3.13 中的 Y_t 所示。从趋势（T_t）分析结果来看，在 2002 年的第 128 天探测 GPP，其值突然下降，此处为趋势的突变点，这与实际情况相符。突变点之前 GPP 呈下降趋势，斜率为-1.4877，突变点之后 GPP 呈上升趋势，斜率为 0.1903，这表明植被在受到扰动后呈现恢复趋势。

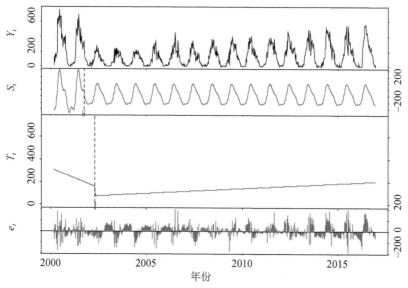

图 3.13　美国 Catenary Coal's Samples 矿土地单元长时序 GPP 变化

此外，从季节（S_t）组分来看，在 2001 年的第 280 天探测到季节突变点，突变点之前的植被返青（GPP 开始升高）和越冬（GPP 下降结束）时间分别为 3 月 14 日和 12 月 2 日，GPP 季节振幅区间为[−266.04，399.68]；突变点之后的植被返青和越冬时间分别为 2 月 18 日和 12 月 11 日，GPP 季节振幅区间为[−135.54，191.30]。这表明采矿扰动前后植被类型发生了改变，一些物候期长的植被，如草本、灌木，取代了采矿前的乔木。

图 3.14 中的土地生态单元于 2009～2012 年完成井工采矿，GPP 长期轨迹如图 3.14 中的 Y_t 所示。从趋势（T_t）分析结果来看，在 2001 年的第 280 天、2015 年的第 120 天探测到 GPP 突然上升，为趋势组分的两个突变点。第一个趋势突变点之前 GPP 呈下降趋势，斜率为−0.3828，突变点之后 GPP 呈上升趋势，斜率为 0.0023；第二个趋势突变点之后 GPP 呈上升趋势，斜率为 0.0109。这表明植被没有在井工采矿扰动后呈现下降趋势，而是呈现了增长趋势。

此外，从季节（S_t）组分来看，在 2005 年的第 240 天、2012 年的第 128 天探测到两个季节突变点，第一个季节突变点之前的植被返青时间、越冬时间分别为 2 月 10 日和 11 月 24 日，GPP 季节振幅区间为[−47.23，63.52]；第一个季节突变点之后的植被返青时间、越冬时间分别为 2 月 10 日和 11 月 25 日，GPP 季节振幅区间为[−63.71，103.73]；第二个季节突变点之后的植被返青时间、越冬时间分别为 2 月 18 日和 11 月 25 日，GPP 季节振幅区间为[−87.38，129.42]。考虑到 GPP 为 8 天间隔数据，采矿扰动前后植被的返青和越冬时间没有发生改变，但是季节振幅被提高，这表明当地植被类型没有改变，但是年生产能力有所提高。

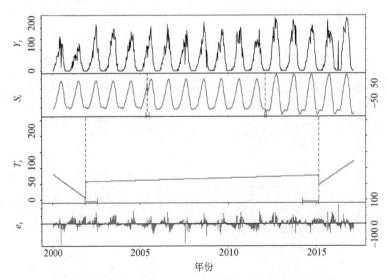

图 3.14 中国补连沟井工矿区土地单元长时序 GPP 变化

图 3.15 中的土地生态单元于 2002～2004 年完成露天采矿，GPP 长期轨迹如图 3.15 中的 Y_t 所示。从趋势（T_t）分析结果来看，在 2004 年的第 288 天、2013 年的第 280 天分别探测 GPP，其值突然下降和上升，为趋势组分的两个突变点。第一个趋势突变点之前 GPP 呈下降趋势，斜率为-0.4697，突变点之后 GPP 呈上升趋势，斜率为 0.0101；第二个趋势突变点之后 GPP 呈上升趋势，斜率为 0.4230。这表明植被 GPP 在露天采矿扰动后显著下降，并呈现缓慢的恢复趋势，在 2013 年后，呈现了快速恢复趋势。

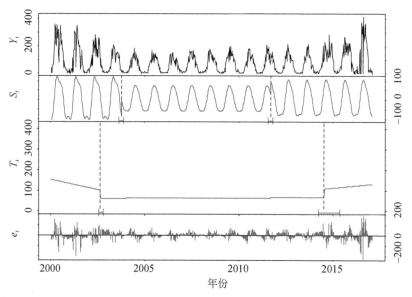

图 3.15　德国 Welzow-Süd opencast 矿土地单元长时序 GPP 变化

此外，从季节（S_t）组分来看，在 2002 年的第 264 天、2015 年的第 240 天探测到两个季节突变点，第一个季节突变点之前的植被返青时间、越冬时间分别为 2 月 26 日和 11 月 25 日，GPP 季节振幅区间为 [-109.66，134.33]；第一个季节突变点之后的植被返青时间、越冬时间分别为 2 月 18 日和 12 月 3 日，GPP 季节振幅区间为 [-64.76，84.06]；第二个季节突变点之后的植被返青时间、越冬时间分别为 3 月 13 日和 11 月 16 日，GPP 季节振幅区间为 [-137.42，224.55]。这表明当地采矿扰动及植被快速恢复前后植被的返青和越冬时间、季节振幅发生了显著改变，并且当地采矿扰动和植被快速恢复前后，植被类型受到影响发生了改变。

图 3.16 中的土地生态单元于 2004～2006 年完成露天采矿，GPP 长期轨迹如图 3.16 中的 Y_t 所示。从趋势（T_t）分析结果来看，在 2002 年的第 56 天、2007 年的第 208 天、2010 年的第 40 天、2013 年的第 168 天分别探测 GPP，其值突然上升、

上升、上升、下降，出现了四个趋势组分突变点。第一个趋势突变点之前 GPP 呈下降趋势，斜率为-1.0678，突变点之后 GPP 呈下降趋势，斜率为-0.4120；第二个趋势突变点之后 GPP 呈下降趋势，斜率为-0.0518；第四个趋势突变点之后 GPP 呈上升趋势，斜率为 0.2467。这表明该土地单元植被 GPP 动态变化丰富，植被 GPP 受露天采矿扰动后显著下降，并呈现较快的恢复趋势，且还受到其他因素的影响。

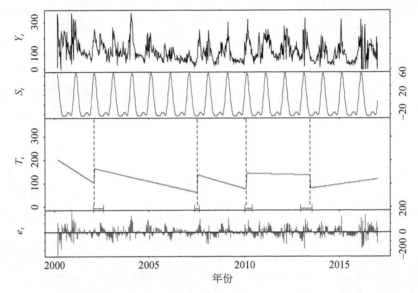

图 3.16 澳大利亚 Curragh 露天矿区土地单元长时序 GPP 变化

此外，从季节（S_t）组分来看，没有探测到突变点，植被返青时间、越冬时间分别为 10 月 31 日和 6 月 18 日，GPP 季节振幅区间为 [-25.37，63.53]；这表明当地采矿扰动和植被快速恢复前后，植被类型受到影响而发生了改变。

综合上述 GPP 轨迹分析结果，可以看出：①矿山 GPP 具有很强的动态变化特性，引起变化的主要原因有采矿和植被恢复，还存在其他变化原因；②井工采矿和露天采矿有较大的差异，在露天采矿扰动下，植被 GPP 会出现突变，植被状态（结构和功能）一般不能保持，但是在井工采矿扰动下，植被 GPP 不一定会发生突变；③植被在受到扰动后一般都存在状态恢复的现象，这使得短期 GPP 变动都存在一个变动范围，但世界上不同地区的 GPP 及其变动范围存在显著差异。

3.3.2 系统动态的综合模式

特征指标的时序变化反映出系统在某个方面具有某种动态性。由于矿山土地生态系统是一个复合系统，多个特征指标往往同时发生变化，这使得系统的综合状态可能会发生变化。本节基于实例数据反映矿山土地生态系统的综合动态过程，并阐述这些动态过程的综合模式。

1. 综合动态的实例分析

1) 数据

在矿山土地生态系统中，植被的生产功能往往取决于植被的组成结构，一般地，在热带雨林矿区，植被结构复杂，植被生产能力强，在草原荒漠地带，植被结构简单，植被生产能力较弱。因此，可以采用植被功能和结构两个指标来同时反映系统的综合动态。

植被由不同群落和个体组成，其冠层具有三维结构，如表现为阔叶林、针叶林、草原、农作物等。这种三维结构使得植被具有二向性反射特性，即反射不仅具有方向性，这种方向性还依赖于入射方向。根据这一性质，基于遥感影像观测的结构散射指数（structural scattering index，SSI）被开发出来（李小文，1989）。因此，引入 SSI 作为反映植被结构的指标，和 GPP 联合反映系统的综合动态。

植被对近红外波段透射率高造成冠层多次散射，减弱了反射各向异性，这种特征可以用近红外波段的体散射核表达。相反，植被叶绿素大量吸收红光波段，增强了反射各向异性，这种特征可以用红光波段的几何散射核表达。浓密、平展的植被具有更强的体积散射作用，稀疏、起伏的植被具有更强的几何散射作用。基于 MODIS BRDF 数据的 SSI 模型如下（Gao et al.，2003）：

$$\text{SSI} = \ln(f_{\text{vol}}^{\text{nir}} / f_{\text{geo}}^{\text{red}}) \tag{3.11}$$

式中，$f_{\text{vol}}^{\text{nir}}$ 为近红外波段的体积散射所占的权重；$f_{\text{geo}}^{\text{red}}$ 为红外波段的几何散射所占的权重。研究表明，这一指数可以指示植被结构，稀疏的灌木或林地、农作物（如玉米、大豆等）具有较低的结构散射指数，茂密的森林则具有较高的结构散射指数（Gao et al.，2003）。

利用 MODIS BRDF 产品（MCD43A1 第五版本，8 天间隔，500m 空间分辨率）提取 SSI 数据，数据时间为 2000～2017 年。仍然采用本节中四个实例矿山作为数据基础。需要说明的是，长时间 GPP 和 SSI 数据既包括季节变化，也包括年际变化。季节变化主要受控于温度和光照条件在一年内的周期性变化。系统运行空间主要考察系统在外部条件（气候变化、采矿扰动、生态恢复、其他扰动）下的状态变化。地表植被在一年中生长最茂盛的状态代表了其在该年各种条件影响下所能达到的最好状态。对系统运行空间的分析采用每年 GPP 达到最大时候的 GPP 和 SSI 值作为系统结构和功能的表征量。

2）分析方法

根据矿山土地生态系统动态的综合模式分析，不同时刻 GPP 和 SSI 两个指标可能会处于不同的位置。特别是采矿扰动后，系统可能会退化，继而恢复或者复原到新状态空间或者原状态空间。本书引入凸包（convex hull）的概念来刻画系统状态空间，它是指在一个实数向量空间 V 中，对于给定集合 X，所有包含 X 的凸集的交集 S。数学表达为

$$\text{Conv}(S) = \left\{ x = \lambda_1 \times x_1 + \lambda_2 \times x_2 + \cdots + \lambda_k \times x_k \,\middle|\, \lambda_1 + \lambda_2 + \cdots + \lambda_k = 1 \right\} \quad (3.12)$$

式中，S 是二维空间的 k 个点组成的集合，即 $S = \{x_1, x_2, \cdots, x_k\}$；$x_i$ 为二维向量。凸包可以看作 GPP 和 SSI 散点集合的边界，凸包是将最外层的点连接起来构成的凸多边形，它能包含点集中所有的点。凸包的面积是指凸多边形围成的面积，凸包周长是指凸多边形各边的累积长度，凸包的直径是指凸多边形点对中的最大距离。面积、周长和直径是描述系统运行空间的关键指标。

3）结果与分析

依据上述方法求解矿山土地生态系统运行空间的特征值，如表 3.7 所示。以各年份最大的 GPP 为横坐标、与最大 GPP 同时刻的 SSI 为纵坐标，绘制各个矿山土地生态系统中恢复区、参考区土地单元的运行空间，如图 3.17 所示。

从四个案例矿山的本底情况（参考区）来看，各个运行空间特征值有较大差异。其以美国的 Catenary Coal's Samples 矿各类指标最高，这个地区降雨丰富，植被类型为温带针阔叶混交林，生产力较高 [均值接近 $100\text{gC}/(\text{m}^2/8\,\text{d}$，图 3.17（a）中的深绿色凸包]，植被结构更复杂，变动范围、凸包面积和周长较大。相比之下，位于荒漠地区的中国补连沟的各类指标都较低，处于森林 [$48.48\text{gC}/(\text{m}^2/8\,\text{d}$，图 3.17（b）中的深绿色凸包] 和沙漠 [GPP 均值仅为 $7.5\text{gC}/(\text{m}^2/8\,\text{d}$，图 3.17（b）中的棕色凸包] 的过渡地带，植被结构简单，生产力较低，变动范围、凸包面积和周长较大。四个案例矿山的采后恢复（恢复区）各个运行空间特征值也具备上述参考区的相对关系。这种相对大小关系主要取决于本底自然条件。

表 3.7　实例矿山土地生态系统运行空间的特征值

矿山	区域	年份	GPP 均值	SSI 均值	GPP 变程	SSI 变程	凸包面积	凸包周长
Catenary Coal's Samples，美国	恢复区	2003～2017	427.15	7.63	554.00	4.81	1620.20	526.86
	参考区	2000～2017	953.01	11.34	128.50	4.80	375.80	157.26
补连沟，中国	地下采矿区	2000～2017	194.22	8.29	127.91	5.19	364.61	141.15
	参考区—森林	2000～2017	484.78	11.58	255.22	2.99	482.18	229.77
	参考区—沙漠	2000～2017	74.76	6.93	18.15	3.11	41.80	17.62

矿山	区域	年份	GPP均值	SSI均值	GPP变程	SSI变程	凸包面积	凸包周长
Welzow-Süd, 德国	恢复区	2000~2017	323.08	7.79	437.67	6.04	1455.40	486.24
	参考区	2000~2017	628.17	11.79	172.00	3.72	367.24	159.27
Curragh, 澳大利亚	恢复区	2000~2017	258.15	7.29	291.75	4.05	701.86	327.78
	参考区	2000~2017	450.50	8.86	380.25	4.80	925.16	457.18

注：GPP 为 MODIS 8 天累加合成数据，单位为 [0.1gC/ (m²/8 d)]，SSI、凸包面积和凸包周长为无量纲指数。

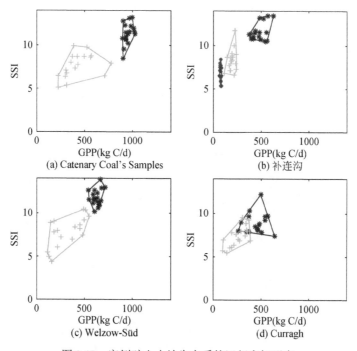

图 3.17　案例矿山土地生态系统运行空间形态

　　比较不同矿山的参考区和恢复区，可以发现：①Catenary Coal's Samples 矿和 Welzow-Süd 矿恢复区的运行空间（凸包）大于参考区，且经过十多年的恢复后，恢复区和参考区凸包没有交叉，这表明恢复区和参考区的植被结构和功能仍然有较大区别，形成了两个独立的系统运行空间。这两个矿山在露天采矿后开展植被种植，将该地恢复为森林，在森林演替的早期阶段，GPP 和 SSI 受到气候等其他因素的影响，不稳定，变动范围较大。②补连沟恢复区的凸包指标在参考区森林和沙漠之间，且植被结构和功能指标更接近沙漠状态。③Curragh 矿恢复区的凸包比森林参考区的凸包略小，经过十多年的恢复，恢复区和参考区凸包已经有所交叉，这表明恢复区和参考区的植被结构和功能指标有发展到一致的趋势。Curragh矿在露天采矿后采取播种的方式恢复植被覆盖，该矿山植被类型属于亚热带稀疏灌草原，温度高，植被生产季长，植被恢复更快。

2. 综合动态模式

由案例矿山的特征指标的时序变化分析可以看出，矿山土地生态系统的结构和功能都具有一定的动态特性。某些情况下，系统的结构和功能会发生较大变化，与采矿扰动或生态恢复工程扰动前的结构和功能有显著差异。某些情况下，系统的结构和功能并没有发生明显变化。为了进一步描述矿山土地生态系统的综合动态模式，要定义一个系统状态空间（system state space）。系统状态空间是指系统在所考察的时期中各个特征指标值的集合。一般可以用系统结构和功能两个方面的指标来反映系统状态空间。随着时间变化，矿山土地生态系统的特征指标会受到气候变化、采矿扰动、生态恢复工程扰动等的影响而发生改变。

图 3.18 显示了矿山土地生态系统动态模式的概念模型。根据结构和功能的相对差异和时间的先后顺序，至少可以把各种状态空间区分为保持原状态、退化到新状态、恢复到新状态和复原到原状态等。随着时间变化，矿山土地生态系统在这三种状态空间之间进行转换，这种转换的综合形式有：其一，扰动后退化，包括从原状态空间到退化的状态空间、从新状态空间到退化的状态空间两个路径，如露天采矿将植被清除，土地生态从森林进入裸地状态，矿区复垦耕地由于盐害，从耕地进入盐碱地状态；其二，复原到原状态，即从退化的状态空间到原状态空间，如塌陷地充填复垦，积水区恢复到原有的耕地状态；其三，恢复到新状态，

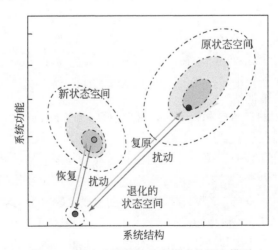

图 3.18　矿山土地系统动态模式的概念模型

即从退化的状态空间到新状态空间，如草原排土场植树造林，从裸地恢复到森林状态；其四，状态保持，包括保持原状态空间、退化的状态空间、新状态空间，即扰动或者恢复不改变状态。

3.4 小　结

本章分析了矿山土地生态系统及其扰动的基本特征，梳理了矿山土地生态系统的组分、结构与功能，分析了矿山土地生态系统受到的扰动的主要类型及其特征，并利用来自世界四个不同矿山的生态结构和功能指标（GPP 和 SSI）数据，探讨了时间序列轨迹的物候特征、季节与长期趋势、长期运行空间、变程与凸包性质。可以得出以下结论。

（1）矿山土地生态系统组分具有多样性，包括气候、岩石、水文、地形、土壤、生物、人文，组分内部还包括一些要素，如地下水、地表水、动物、植物和生物等，这些组分经过组合形成一定的综合状态，如排土场、尾矿库、塌陷地等。在一定条件下，矿山土地生态系统可以提供供给服务、调节服务、支持服务和文化服务四种生态系统服务功能。

（2）矿山土地生态系统遭受的采矿扰动主要包括挖损、压占、沉陷和污染，扰动形式受到地质采矿条件和自然地理条件的影响。恢复工程包括预防控制、表土剥覆、充填复垦、挖深垫浅、坡面治理等。系统在长期演变过程中还受到生物入侵、长期气候变化、土地利用变化等自然和人为扰动的影响。这些采矿扰动和其他变化主要的作用对象仍然是矿山土地生态组分及其排列组合形态，主要效应则是改造或者局部改造土地生态系统组分和形态，使土地生态系统服务能力受到影响。

（3）露天矿区土地生态功能指标以扰动突变和缓慢恢复为主要特征，且扰动和恢复前后地表植被的物候特征有显著差异，如生长期的长短、生长起始和结束日期都有所不同。井工矿区的土地生态功能指标也存在波动和变化特性，植被结构和功能可能会得到持续保存。一般而言，矿山恢复区和参考区（未扰动区）的凸包有明显区别，且可能存在两个独立的凸包，这表明矿山土地生态恢复区植被结构和功能可能会异于周边未扰动区，但恢复区凸包有向参考区凸包发展的趋势。在不同地域矿山、不同采矿和恢复方法下，凸包变化规律有一定的差别。

（4）矿山土地生态系统具有动态特性。由于受到多种扰动的共同作用，一个土地单元上的特征指标会呈现出时序变化特征。时序变化的形式包括随机波动、趋势变化、突变、季节波动几个基本形式。多个特征指标的集合组成矿山土地生态系统的状态空间，随着特征指标的不断变化，状态空间也会产生变化，其综合形式至少有保持原状态、退化到新状态、恢复到新状态、复原到原状态四种。

总之，矿山土地生态系统属于一般系统（特别是自然资源系统或陆地生态系统）的特殊案例，具备一般系统的特性，但在构成、扰动、动态方面具有特殊性，而且这些特性还具有地域、时间、空间分异性。面临采矿扰动、复垦或恢复工程的扰动及其他自然扰动、人为扰动时，矿山土地生态系统体现出一定的应对能力和响应特征，在某些条件下，系统结构和功能可以保持在同一运行空间内；在某些条件下，系统结构和功能发生变化，出现新的运行空间。

参 考 文 献

白中科. 2008.矿区土地生态系统赋予土地生态学新的学科内涵. 新观点新学说学术沙龙文集18：土地生态学——生态文明的机遇与挑战.

白中科, 赵景逵, 李晋川, 等.1999. 大型露天煤矿生态系统受损研究——以平朔露天煤矿为例. 生态学报, 19（6）：870-875.

陈利顶, 傅伯杰. 2000. 干扰的类型、特征及其生态学意义. 生态学报, 20（4）：581-586.

樊文华, 李慧峰, 白中科, 等. 2010. 黄土区大型露天煤矿煤矸石自燃对复垦土壤质量的影响. 农业工程学报, 26（2）：319-324.

范钢伟, 张东升, 马立强. 2011. 神东矿区浅埋煤层开采覆岩移动与裂隙分布特征. 中国矿业大学学报, 40（2）：196-201.

傅伯杰. 1985. 土地生态系统的特征及其研究的主要方面. 生态学杂志,（1）：35-38.

郭麒麟, 乔世范, 王璐. 2012. 露天开采人工边坡岩土体变形计算及安全评估. 采矿与安全工程学报, 29（5）：679-684.

侯湖平, 徐占军, 张绍良, 等. 2014. 煤炭开采对区域农田植被碳库储量的影响评价. 农业工程学报, 30（5）：1-9.

胡振琪, 龙精华, 王新静. 2014. 论煤矿区生态环境的自修复、自然修复和人工修复. 煤炭学报, 39（8）：1751-1757.

胡振琪, 邵芳, 多玲花, 等. 2017. 黄河泥沙间隔条带式充填采煤沉陷地复垦技术及实践. 煤炭学报, 42（3）：557-566.

雷少刚, 肖浩宇, 郄晨龙, 等. 2017. 开采沉陷对关键土壤物理性质影响的相似模拟实验研究. 煤炭学报, 42（2）：300-307.

李倩, 张文忠, 王岱. 2013. 地理学视角下的独立工矿区研究. 地理科学进展, 32（7）：1092-1101.

李小文. 1989. 地物的二向性反射和方向谱特征. 环境遥感, 4（1）：67-72.

王金满, 郭凌俐, 白中科, 等. 2013. 黄土区露天煤矿排土场复垦后土壤与植被的演变规律. 农业工程学报, 29（21）：223-232.

王金满, 杨睿璇, 白中科. 2012.草原区露天煤矿排土场复垦土壤质量演替规律与模型. 农业工程学报，28（14）：229-235.

王宁，吴侃，刘锦，等. 2013. 基于 Boltzmann 函数的开采沉陷预测模型. 煤炭学报，38（8）：1352-1356.

王新静，胡振琪，胡青峰，等. 2015. 风沙区超大工作面开采土地损伤的演变与自修复特征. 煤炭学报，40（9）：2166-2172.

吴次芳，陈美球. 2002. 土地生态系统的复杂性研究. 应用生态学报，13（6）：753-756.

杨博宇，白中科，张笑然. 2017. 特大型露天煤矿土地损毁碳排放研究——以平朔矿区为例. 中国土地科学，31（6）：59-69.

杨永均，张绍良，侯湖平，等. 2015. 煤炭开采的生态效应及其地域分异. 中国土地科学，29（1）：55-62.

杨泽元，范立民，许登科，等. 2017. 陕北风沙滩地区采煤塌陷裂缝对包气带水分运移的影响：模型建立. 煤炭学报，42（1）：155-161.

张发旺，侯新伟，韩占涛，等. 2005. 采煤条件下煤层顶板"含水层再造"及其变化规律研究. 赤峰：世界华人地质科学研讨会、中国地质学会 2005 年学术年会.

张笑然，白中科，曹银贵，等. 2016. 特大型露天煤矿区生态系统演变及其生态储存估算. 生态学报，36（16）：5038-5048.

Antwi E K，Krawczynski R，Wiegleb G. 2008. Detecting the effect of disturbance on habitat diversity and land cover change in a post-mining area using GIS. Landscape & Urban Planning，87（1）：22-32.

Bian Z，Lu Q. 2013. Ecological effects analysis of land use change in coal mining area based on ecosystem service valuing：a case study in Jiawang. Environmental Earth Sciences，68（6）：1619-1630.

Cheng W，Bian Z，Dong J，et al. 2014. Soil properties in reclaimed farmland by filling subsidence basin due to underground coal mining with mineral wastes in China. Transactions of Nonferrous Metals Society of China，24（8）：2627-2635.

Clewell A F，Aronson J. 2013. Ecological Restoration：Principles，Values，and Structure of an Emerging Profession. Washington：Island Press：33-35.

Doležalová J，Vojar J，Smolová D，et al. 2012. Technical reclamation and spontaneous succession produce different water habitats：a case study from Czech post-mining sites. Ecological Engineering，43（3）：5-12.

Dong J，Dai W，Xu J，et al. 2016. Spectral estimation model construction of heavy metals in mining reclamation areas. International Journal of Environmental Research & Public Health，13（7）：640.

Eckert S，Hüsler F，Liniger H，et al. 2015. Trend analysis of MODIS NDVI time series for detecting land degradation and regeneration in Mongolia. Journal of Arid Environments，113（2）：16-28.

Erskine P, Van D E A, Fletcher A. 2012. Sustaining metal-loving plants in mining regions. Science, 337（6099）：1172.

Fan G, Zhang D. 2015. Mechanisms of aquifer protection in underground coal mining. Mine Water & the Environment, 34（1）：95-104.

Gao F, Schaaf C, Strahler A, et al. 2003. Detecting vegetation structure using a kernel-based BRDF model. Remote Sensing of Environment, 86（2）：198-205.

Holl K D, Cairns J. 1994. Vegetational community development on reclaimed coal surface mines in Virginia. Bulletin of the Torrey Botanical Club, 121（4）：327-337.

Hou H, Zhang S, Ding Z, et al. 2015. Spatiotemporal dynamics of carbon storage in terrestrial ecosystem vegetation in the Xuzhou coal mining area, China. Environmental Earth Sciences, 74（2）：1657-1669.

Hu Z, Yang G, Xiao W, et al. 2014. Farmland damage and its impact on the overlapped areas of cropland and coal resources in the eastern plains of China. Resources Conservation & Recycling, 86（3）：1-8.

Juwarkar A A, Yadav S K, Thawale P R, et al. 2009. Developmental strategies for sustainable ecosystem on mine spoil dumps: A case of study. Environmental Monitoring & Assessment, 157（1-4）：471.

Krümmelbein J, Bens O, Raab T, et al. 2012. A history of lignite coal mining and reclamation practices in Lusatia, eastern Germany. Canadian Journal of Soil Science, 92（92）：53-66.

Larondelle N, Haase D. 2012. Valuing post-mining landscapes using an ecosystem services approach-an example from Germany. Ecological Indicators, 18（4）：567-574.

Lechner A M, Baumgartl T, Matthew P, et al. 2016. The impact of underground longwall mining on prime agricultural land: A review and research agenda. Land Degradation & Development, 27（6）：1650-1663.

Lei S, Ren L, Bian Z. 2016. Time–space characterization of vegetation in a semiarid mining area using empirical orthogonal function decomposition of MODIS NDVI time series. Environmental Earth Sciences, 75（6）：516.

Liu X, Tan Y, Ning J, et al. 2015. The height of water-conducting fractured zones in longwall mining of shallow coal seams. Geotechnical & Geological Engineering, 33（3）：1-8.

Mishra S K, Hitzhusen F J, Sohngen B L, et al. 2012. Costs of abandoned coal mine reclamation and associated recreation benefits in Ohio. Journal of Environmental Management, 100（10）：52-58.

Monteith J. 1972. Solar radiation and productivity in tropical ecosystems. Journal of Applied Ecology, 9（3）：747-766.

Rosillo-Calle F, Xiberta-Bernat J, GarcÃa-Elcoro V E. 2016. Assessment of forest bioenergy potential in a coal-producing area in Asturias(Spain)and recommendations for setting up a Biomass Logistic Centre （BLC） . Applied Energy，171：133-141.

Running S W，Nemani R R，Heinsch F A，et al. 2004. A continuous satellite-derived measure of global terrestrial primary production. Bioscience，54（6）：547-560.

Sullivan J，Amacher G S. 2010. Private and social costs of surface mine reforestation performance criteria. Environmental Management，45（2）：311.

Tropek R，Kadlec T，Hejda M，et al. 2012. Technical reclamations are wasting the conservation potential of post-mining sites. A case study of black coal spoil dumps. Ecological Engineering，43（3）：13-18.

Verbesselt J，Hyndman R，Zeileis A，et al. 2010. Phenological change detection while accounting for abrupt and gradual trends in satellite image time series. Remote Sensing of Environment，114（12）：2970-2980.

Vickers H，Gillespie M，Gravina A. 2012. Assessing the development of rehabilitated grasslands on post-mined landforms in north west Queensland，Australia. Agriculture Ecosystems & Environment，163（6）：72-84.

Wickham J，Wood P B，Nicholson M C，et al. 2013. The overlooked terrestrial impacts of mountaintop mining. Bioscience，63（5）：335-348.

Wilson-Kokes L，Delong C，Thomas C，et al. 2013. Hardwood tree growth on amended mine soils in West Virginia. Journal of Environmental Quality，42（5）：1363-1371.

第4章 矿山土地生态系统恢复力的性质

矿山土地生态系统具有一定的组分、结构和功能，且经受着程度和形式各异的扰动。在这些扰动的作用下，系统的结构和功能可能会发生改变，形成新的运行状态，也可能会波动但仍然保持同一状态。这种响应特征使得矿山土地生态系统表现出一定的应对能力（应对扰动和变化）。这种能力对于系统状态的持续保存至关重要。本章介绍矿山土地生态系统恢复力的概念，并通过数学建模和逻辑推理，揭示矿山土地生态系统恢复力的形成机理和基本属性。

4.1 矿山土地生态系统恢复力的内涵

4.1.1 矿山土地生态系统恢复力的概念模型

完整的矿山土地生态系统演变具有采矿扰动、土地复垦、稳态形成、后采矿时期其他扰动四个基本时间节点。矿山土地生态系统的各个组分和要素、各种生态系统服务等外在表现为矿山土地生态系统的综合性能或者服务能力。在不同时间阶段，矿山土地生态系统的综合性能不断变化。

根据这一基本特征，选定时间（time，t）为自变量，为了统一表达系统特征，选用综合指标，即系统表现（performance，Pr）为因变量。则 Pr 随 t 不断变化，而变化过程一般不是线性的，而是具有随机非线性特征波动。以自变量 t 和因变量 Pr 建立平面坐标系，从而表达矿山土地生态系统的变动过程，用于构思矿山土地生态系统恢复力概念，如图 4.1 所示。

在图 4.1 中，由于矿山土地生态系统的组分、形态、扰动、恢复都具有地域分异性，这导致 Pr 随时间 t 的变化可能是多样的，因此，可以得到五个基本变动情景（scenario，S）。

1. 系统演变轨迹的几种情景

（1）情景 1（(S1)），Pr 在采矿扰动后不出现显著的降低，仍然维持一个较高的水平。这种情景在一些中低潜水位的井工矿区表现最明显，如在我国中西部、澳大利亚东部、美国中部的矿山开采后，当地虽然受到一些扰动，但地表生态不出现大规模生态退化现象；

（2）情景 2（S2），Pr 在采矿扰动后明显降低，经过复垦工程和自然恢复，Pr 再跃升到一个较高水平，在一些矿山其甚至可能会超过扰动前的系统表现。这种情景在一些示范性矿区，复垦后，森林蓄积量、土地产出甚至比采矿扰动前要高，如我国较早开展复垦工作的平朔矿区、徐淮矿区、唐山矿区；

（3）情景 3（S3），在情景 2 的基础上，尽管 Pr 跃升到一个较高水平，但受到后采矿时期的一些扰动，Pr 再度降低。这种情景在一些采矿后土地遭废弃、二次扰动的矿山较为常见。

（4）情景 4（S4），Pr 在采矿扰动后明显降低，此后复垦与生态恢复干预缺失，经过自然恢复，Pr 可以达到一定的水平，但这个水平一般比采矿前要低，或者需要较长时间才能达到采矿前的水平。

（5）情景 5（S5），矿区在受到采矿扰动后，经过自然恢复，Pr 达到了一个较高水平，但其受到后采矿时期的一些扰动，Pr 再度降低。

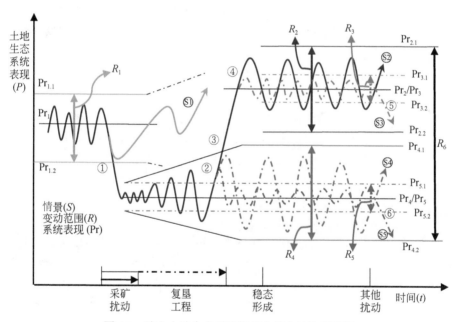

图 4.1　矿山土地生态系统恢复力概念的构思模型

在图 4.1 中，Pr 随时间 t 发生非线性变动，设其变动范围（range）为 R，R_1 为系统表现变动的上下限（如 $Pr_{1.1}$ 和 $Pr_{1.2}$ 之间的宽度），则依次有 R_1、R_2、R_3、R_4、R_5、R_6 和 Pr_1（$Pr_{1.1}$，$Pr_{1.2}$）、Pr_2（$Pr_{2.1}$，$Pr_{2.2}$）、Pr_3（$Pr_{3.1}$，$Pr_{3.2}$）、Pr_4（$Pr_{4.1}$，$Pr_{4.2}$）、Pr_5（$Pr_{5.1}$，$Pr_{5.2}$）。同时将一些重要突变点依次标记为①、②、③、④、⑤、

⑥，其中①表示情景 1 的 Pr 突破变动范围 R_1，Pr 显著降低到一个较低水平 $Pr_{2.1}$～$Pr_{2.2}$，均值为 Pr_2。

2. 系统状态持续保存的几种体现

（1）体现 1，系统能够抵御采矿扰动，Pr 在 R_1 内变动，维持在原有的系统表现水平（$Pr_{1.1}$-Pr_1-$Pr_{1.2}$），不突破突变点①进入较低水平。这种持续保存在生态脆弱矿区尤为重要。但大多数时候，采矿扰动是强烈的，特别是露天采矿，生态表现显著降低成为必然结果。

（2）体现 2，Pr 在采矿扰动后发生显著退化，Pr 在 R_4～R_5 内变动，分别维持在（$Pr_{4.1}$-Pr_4-$Pr_{4.2}$）、（$Pr_{5.1}$-Pr_5-$Pr_{5.2}$）之间，在复垦干预时，系统无法突破突变点②、③、④进入较高的 Pr，也不能突破突变点⑥进入较低的 Pr。这种持续保存主要体现在一些退化场地上，这些场地的土地复垦和生态修复难度大，不易成功。

（3）体现 3，在土地复垦与生态恢复后，Pr 在 R_2～R_3 内变动，分别维持在（$Pr_{2.1}$-Pr_2-$Pr_{2.2}$）、（$Pr_{3.1}$-Pr_3-$Pr_{3.2}$）之间，不突破突变点⑤进入较低水平。这种持续保存在复垦投入较大时的矿山土地生态系统中较为重要，管理者希望这些土地能够持续地产生效益。

（4）体现 4，如果将全部时间阶段看作一个整体，则矿山土地生态系统表现在 R_6 内变动，Pr 在（$Pr_{2.1}$-$Pr_{4.2}$）之间。

这几种系统状态持续保存的体现归纳起来就是，当系统面对采矿扰动或者其他变化时，系统能够继续保持土地生态系统表现不降低，也不升高到另一个生态系统服务的表现水平。显然，在这一过程中，系统存在某种能力。

4.1.2 矿山土地生态系统恢复力的基本内涵

一般而言，人地耦合的系统，如城市、灾害、湖泊、森林系统等，都具备保持状态的能力。尽管不同领域对这种能力的释义有所不同，但都可以概括为恢复力。恢复力是一般系统的属性，因此矿山土地生态系统恢复力（resilience of land ecosystem in mining area）理论上也应该存在，且是矿山土地生态系统的基本属性之一。基于上述对构思模型的分析，这种属性对于实现矿山可持续管理、应对扰动和变化、保持生态系统服务的目标尤为重要，这种特性外在表现为一种系统能力。参考其他生态系统的定义，这里将这种特性表述为：矿山土地生态系统恢复力是指土地生态系统在面临采矿扰动或其他变化时，保持其状态的能力。

这一表述具有以下三个方面的意义。

（1）归纳了相关的认识和经验。在长期的矿山土地生态监测中，一些系统维持或者不能维持其状态的现象被发现，如沙地裂缝的自愈合（李全生等，2012）、复垦场地植被的自然演替（王金满等，2013）、采掘场地由原地貌转变为次生裸地等。而一些生态恢复工程也注意到要维持系统的内在能力，从而保持生态安全，如在复垦农田建立防护林、采用充填开采方式控制地面沉降。将这些认识和经验归纳起来，即形成矿山土地生态系统恢复力概念。

（2）综合表达了系统内在能力的本质。研究表明恢复力是一个边界物（boundary object）（注：这是一个社会学概念，这个边界物可以适应不同需求和限定条件下的多个使用者，这个边界物在不同语境下有不同的意思，但表达的本质相同。这个边界物具有可塑性）。目前，矿山土地生态研究对系统内在能力有不同的表达方式，如自然修复（胡振琪等，2014）、自修复能力（李全生等，2012；王双明等，2017）、自维持能力（Ngugi et al.，2015；Hamanakaa et al.，2015）等，这表明对某个边界物产生了多元化的理解。以上特性表述指明了这个边界物，即矿山土地生态系统恢复力。矿山土地生态系统恢复力不影响其他表达方式的使用价值，其作用是综合地表明这些表达方式所描述的系统内在能力的本质。

（3）包含可描述的实际对象。实现管理者对矿山土地生态系统可持续的期望，则有必要考察或管理内在能力。上述关于矿山土地生态系统恢复力的表述明确了内在能力的几个要素。这些要素都是可描述的实际对象。这个要素包括管理的对象，即土地生态系统、采矿扰动、其他变化、状态；包括管理目标，即保持系统状态；包括管理情景这一要素，即采矿扰动或其他变化情景。

4.1.3　矿山土地生态系统恢复力的核心要义

1. 恢复力的主客体

生态系统恢复力研究最关键的问题是"resilience of what"和"to what"，也就是恢复力的主体和客体问题。矿山土地生态系统恢复力的主体为矿山的土地生态系统，客体为采矿扰动或其他变化。主体和客体均需要限定在矿山土地生态系统有限的时空范围内。

具体来看，主体可以细分为系统所含有的各个组分间组合体、子系统、某个部分，如土壤水文植被连续体、植被群落、地下水系统、排土场、复垦农田、挖损场地等。客体可以细分为采矿扰动、土地复垦与生态修复工程、其他扰动或变化，如裂缝、地下水疏漏、充填工程、气候变化、干旱等，本书将这些统称为采矿扰动及其他变化。图 4.2 给出了恢复力与土地生态系统（主体）和采矿干扰及其他变化（客体）的关系。

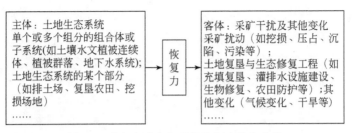

图 4.2　矿山土地生态系统恢复力的主客体

2. 焦点问题的尺度

对矿山土地生态系统恢复力的定义中，还需要明确它的尺度。这需要对矿山土地生态系统问题进行聚焦，并分析恢复力的潜在特性。矿山土地生态系统恢复力的主体和客体实际上包括多个尺度和内容。尽管本章对矿山土地生态系统进行了时空边界界定，但各种主体要素（如系统组分、关联等）和客体组分（采矿扰动和其他变化等）混合起来，仍然会使得矿山土地生态问题变得复杂，这就是所谓的尺度关联。图 4.3 给出了描述矿山土地生态相关问题认知尺度的框架。

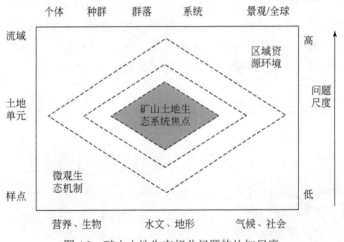

图 4.3　矿山土地生态相关问题的认知尺度

图 4.3 中的框架考虑了生态系统的等级（从个体到全球）、系统变量的类型（从营养到社会变量）、空间尺度的大小（从样点到流域）。这种考虑方式在一些理论文献中已经有所体现，考虑这些因素的意义是明晰矿山土地生态问题的范畴，根据管理需要，进一步确定范畴，从而使得研究和实践更具有操作性。实际上，矿山生态问题涉及上述框架中的所有内容。在小尺度上，土壤裂缝、形变可能会影响微观的能量流动与物质循环；在大尺度上，连片大规模的采矿可能会引起流域

生态退化或区域环境恶化问题。

备受关注的是中等尺度上的土地复垦、土地可持续利用问题，因为土地单元（细分为环境条件同质的有限单元，如一块均匀的农田、排土场、沉陷地块等）是矿山扰动、土地利用和管理的基本单元。中等尺度并没有精确的界限，可能会延伸到其他尺度。当着眼于植株个体胁迫机制或区域/全球尺度矿山生态影响问题时，则可能需要分析植株生理生态系统或全球矿业生态系统的构成、扰动和动态，再研究这些系统的恢复力。

3. 持续保存的状态

恢复力在矿山土地生态系统中的具体体现是：在某种系统构成下，系统面对采矿扰动和变化时，恢复力使系统（特别是中等尺度上的土地单元）保持状态而不发生改变。

其中，"状态"是一个约定俗成的用法［例如，《土地复垦条例》（国务院令第592号）中的表述：本条例所称土地复垦，是指对生产建设活动和自然灾害损毁的土地，采取整治措施，使其达到可供利用状态的活动］。在恢复力视角下，状态描述了恢复力主体的功能、结构、反馈等系统综合特性，而且矿山土地生态系统有多种状态，如林地、草地、耕地。这里的状态没有被限定其是否可被管理者所接受，只是客观表达系统的综合特性，根据管理者的期待不同，状态可能会有好坏之分。

事实上，在一些情境下矿山土地生态系统状态可以保持，如风积沙区裂缝自然恢复（王新静等，2015），土地单元仍然保持原有状态，如植被功能和结构都不改变；采掘场地经过播种，植被仍然不能生长，采掘场地仍然保持无植被状态。还有一些情景不能保持，如露天采矿后，原有地貌上的林草地被彻底清除，薪材、食物等初级产品提供能力消失，状态发生较大改变；采掘场地经过植被重植，植被状态从"无植被"转移到"林地或草地"，植被和结构发生改变。还有一些情景可以在人为干预下保持，如充填开采使地表减少土地单元的沉降，甚至不沉降，土地单元地形不改变，状态保持。

4.2 矿山土地生态系统恢复力的形成机制

4.2.1 矿山土地生态系统恢复力的形成基础

1. 形成基础的理论分析

对于一个可以称为系统的一般事物而言，必然具有各种组分（要素），这些组分是系统存在的物质基础。系统组分之间以线性或者非线性关系关联在一起，从而形成一定的结构。不同空间位置、尺度上的组分（要素）也可能存在相互关系。系统内部组分间、系统与外界环境之间的关联或反馈可以使得系统能够实现物质、能量和信息流通。正是一般事物具备组分及各种反馈关联，使得其可以被称为系统。恢复力是系统的一般属性，因而，系统及其内在关系的存在即系统运行及应对扰动的基础，也是系统属性（包括恢复力）存在的基础。

矿山土地生态系统作为一般系统的特殊案例，系统及其内在关系客观存在。矿山土地生态系统或者其一个部分具有组分、结构和组合形态等基本特征。矿山具有复杂的等级和时空尺度，其内在结构十分复杂。为简化分析，现考察一个简化的矿山土地生态单元，如图 4.4 所示。在一个足够小的单元上，地形、岩石特性在时间和空间上都较为稳定，不考虑这两种组分。

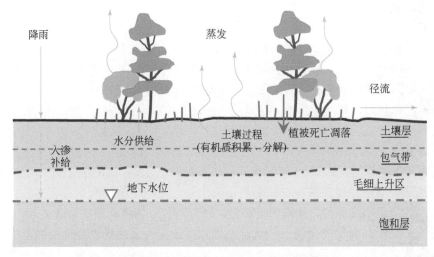

图 4.4　简化的矿山土地生态单元剖面

图 4.4 中的矿山土地生态单元包含大气、土壤、植被、水文四个组分，且包含人为活动（如生物量收获）的影响，而且特殊之处在于这个单元位于矿山，可能会受到采矿的扰动，如采矿活动（露天和井工采矿）可能会影响除气候变量以外的其他土地生态要素和过程。

再考察这个单元的组分及其关联过程，如图 4.5 所示，选取生物量、含水量和有机质作为刻画状态表现的变量，这三个变量分别属于生物、土壤、水文三个组分的特征变量。研究表明这三个变量与其他量相关，且是决定土地生态系统服务（供给、调节、文化、支持）的重要因素（Bodlák et al.，2012；Hou et al.，2015；Ngugi et al.，2015）。这个土地生态单元表现出不同的状态，如水域、荒漠、森林等。而其他变量则是影响状态变量的参数，这些参数包括降水量、土壤持水量、植被生长速率和死亡速率等。

这个土地生态单元就具备一些组分间的关联和反馈，主要包括大气、植被、水文、土壤过程，如降雨补给含水量、植被生长和死亡、土壤有机质积累和分解、水分补给和蒸散。由于这些关联和反馈的存在，当系统处于不平衡态时或受扰动后，系统会发生内部调节，并向平衡态运动。例如，降水量一般是年际波动的，降水量增多，其他条件一致时，通过补给入渗作用，土壤含水量增加，植被生物量提高或降低，进一步改变土壤水分消耗量，最终土地生态系统达到一个新的生态平衡。特殊之处是这个土地生态单元位于矿山，受到采矿活动和其他因素的扰动，如地下水疏漏。

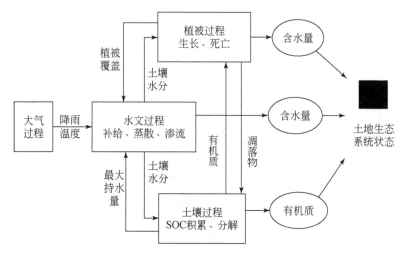

图4.5 简化的土地生态单元的内部关联

上述简化的土地生态单元分析只显示了一些关键的组分及其关联。实际上，矿山土地生态系统组分还可以细分为很多要素，要素间还存在大量的其他关联和反馈，如地下水运移、污染物的分解和淋溶、植物光合和呼吸、生物间竞争、生物进化、土地利用、社会经济关联、行政隶属等。由此可见，矿山土地生态系统的组分和尺度是关联的，还具备动态、开放、自组织的特征。这些组分及组分间的关联构成了矿山土地生态系统运行及应对扰动的基础，也是矿山土地生态系统恢复力的基础。

2. 形成过程的模型分析

为进一步明确上述系统组分及其关联，引入可定量的数学模型来分析和表达。

为了避免复杂性，模型分析仍然以上述简化的矿山土地生态单元为基础。当前，系统生态学的研究方法包括等级、网络、热力学和生物地球化学四大方向（Jørgensen et al.，2015），模型表达方法包括离散模型、统计回归、概率模型、微分方程模型等。由于土地生态单元的组分随时间变化，且各个组分受到内部关联的制约和影响，因此考虑利用微分方程来进行模型分析。模型分析包括系统架构、组分间关系、扰动和变化三个部分。

曾庆存院士等曾建立草原生态动力学模型（ESH-1）来表达内蒙古地区气候-植被的关系，模型的基本形式和表达方法得到了实际检验（曾晓东等，2004）。但是，矿山土地生态系统具备两个特殊情况，其一，矿山广泛分布在世界上的不同气候带，因此气候成为重要的变量；其二，在同一气候带下，采矿会扰动土壤、植被和水文属性，从而导致状态发生转变。第二个情况尤为重要，这是因为相比之下，气候是快变量，会在短期影响土地生态系统表现，但实际系统长期演变是慢变量，如土壤与水文属性。因而，本书在 ESH-1 模型表达思想的基础上进行模型改进，来定量表达和分析矿山土地生态系统组分及其关联。

1）系统架构

考虑上述简化的土地生态单元：由植被、水文、土壤组成，且受到气候、人为活动的影响；只有一个植被种群，且对地表是部分覆盖的；土壤有机质、含水量的空间分布是均质的；有空间（上、下、左、右）边界。设地面上的植被生物量为 V，土地单元含水量为 W，有机质含量为 S，这三个变量考虑为生态系统的状态变量。则上述简化的矿山土地生态单元可以表达为如下微分方程组形式（VWS_model）：

$$dV/dt = f(V,W,S) = G(V,W,S) - M(V,W,S) - C(V) \tag{4.1}$$

$$dW/dt = g(V,W,S) = P - E(V,W,S) - R(V,W,S) \tag{4.2}$$

$$dS/dt = k(V,W,S) = T(V,W,S) - A(V,W,S) - D(V,W,S) \tag{4.3}$$

式中，G，M，C 分别为植被生物量的年增长量、年凋亡量、年消耗量（人为收获等）；P，E，R 分别为降水量、蒸发量、径流量；T，A，D 分别为植被死亡残体中的有机质总量、植被残体在地表的堆积量、土地单元土壤有机质的矿化分解量。需要说明的是，土壤水的渗漏和地下水的补给作用太复杂，又考虑土地单元是有下界的，模型中的径流包括渗漏量。另外，本节的模型分析实际上是一种解析模型，研究目的在于分析土地生态系统恢复力的形成基础，而不精确揭示和模拟具体的生态学过程。在式（4.1）～式（4.3）组成的相互作用的非线性自治动力系统中，降雨量是给定的，对于其他各量，参照曾晓东等（2004）的推算方法和基础，依据生态定律和数学分析给出各类组分间关系的数学形式。其他各个关系式中出现的参数则称为参数变量。

2）组分间关系

A. 植被（生物量）与其他组分的关系

对于生物量的年增长量 G，在给定的温度、光照、肥力和水分条件下，G 随 V 的增大而增大，但当 V 达到一定值 V_m（即增长极限的最大生物量）时，G 达到饱和值。同理，G 与 W 和 S 的关系类似，不妨将 G 表达为关于 V，W，S 的连乘形式：

$$G(V,W,S) = G_1(V)G_2(W)G_3(S) \tag{4.4}$$

在给定的除 V，W，S 变量以外的环境条件（光照、温度等）中，G 有年最大增长量，记为 α_V。另外，G_1，G_2，G_3 受到饱和值的约束，因而它们之间的函数关系满足约束条件的指数型复合函数：

$$G_1(V)G_2(W)G_3(S) = \alpha_V(1 - e^{-\varepsilon_G V/V^*})(1 - e^{-\varepsilon_G' W/W^*})(1 - e^{-\varepsilon_G'' S/S^*}) \tag{4.5}$$

式中，V^*，W^*，S^* 为 V，W，S 的特征量，取值为土地生态单元所在区域的均值，引入特征量可将上述方程写成无量纲的标准化形式，其他土壤、植被的特性将以无量纲参数的形式在模型中出现。相关参数取值及其含义见表 4.1。

表 4.1 参数取值及其含义

参数	含义	参数取值 补连沟	参数取值 Curragh
α_V	年最大生物量增长量 [kg/（m²/a）]，依赖于除本模型考虑的状态变量以外的其他环境条件	0.35	0.45
ε_G	生物量增大对年生物量增长量的饱和系数	1.00	1.00
ε_G'	含水量增大对年生物量增长量的饱和系数	1.00	1.40
ε_G''	有机质增大对年生物量增长量的饱和系数	1.00	1.00
β_V	植被凋亡率	0.01	0.01
ε_M	生物量增大对年生物量凋亡量的饱和系数	1.00	1.00
ε_M'	含水量减小对年生物量凋亡量的饱和系数	1.00	1.40
ε_M''	含水量增大对年生物量凋亡量的饱和系数	1.00	1.40
ε_M'''	有机质量增大对年生物量凋亡量的饱和系数	1.00	1.00
γ_V	生物量耗损率（如放牧、灾害耗损）	0.10	0.10
ε_C	生物量增大对年生物量耗损量的饱和系数	1.00	1.00
ε_σ	生物量增大对植被覆盖的饱和系数	1.00	1.00
P	降水量（含灌溉量），是指土地生态单元的所有来水量	345	563

参数	含义	参数取值	
		补连沟	Curragh
e^*	最大蒸发潜力	1000.00	1500.00
k_{E_s}	植被遮阴，降低土壤蒸发的效应系数	0.40	0.40
ε_{E_s}	生物量增大对年地表蒸发量的饱和系数	1.00	1.00
ε'_{E_s}	含水量增大对年地表蒸发量的饱和系数	1.00	1.40
ε''_{E_s}	有机质量增大对地表蒸发潜力的影响系数	1.00	1.00
φ_{S_V}	植被蒸腾量占总蒸发潜力的比例	0.60	0.60
k_{E_V}	植被遮阴，降低植被蒸发的效应系数	1.00	1.00
ε_{E_V}	生物量增大对年植被蒸发潜力的饱和系数	1.00	1.00
ε'_{E_V}	含水量增大对年植被蒸发潜力的饱和系数	1.00	1.40
ε''_{E_V}	有机质量增大对年植被蒸发潜力的饱和系数	1.00	1.00
λ_R	降水量的最大径流比例	0.015	0.03
k_R	植被遮盖，降低降雨径流的效应系数	0.40	0.40
ε_R	生物量增大对年地表最大径流的饱和系数	1.00	1.00
ε'_R	含水量增大对地表最大径流的饱和系数	1.00	1.40
ε''_R	有机质量增大对地表最大径流的饱和系数	1.00	1.00
ε_A	生物量增大对植被残体堆积量的饱和系数	1.00	1.00
ε'_A	有机质增大对植被残体堆积量的饱和系数	1.00	1.00
α_S	年最大生物量增长量凋亡残体堆积在地表的系数	0.012	0.011
β_S	最大有机质分解潜力	0.020	0.025
ε_D	生物量增大对年有机质分解量的饱和系数	1.00	1.00
ε'_D	含水量增大对年有机质分解量的饱和系数	1.00	1.40
ε''_D	有机质量增大对年有机质分解量的饱和系数	1.00	1.00

对于生物量的年凋亡量 M，M 随 V 的增大而增大，且当 V 达到饱和值后，M 会大幅增大；M 随 W，S 的增大而减小，当 W，S 达到饱和值后，M 的减小幅度变小，因而其函数关系满足：

$$M(V,W,S) = M_1(V)M_2(W)M_3(S) \qquad (4.6)$$

$$M(V,W,S)=\alpha_V \beta_V (e^{-\varepsilon_M V/V^*}-1)\left(\begin{array}{c}(1-e^{-\varepsilon_M' W/W^*})^{-1}+\\(e^{\varepsilon_M'' W/W^*}-1)\end{array}\right)(1-e^{-\varepsilon_M''' S/S^*})^{-1} \qquad (4.7)$$

对于消耗量 C，其含义为在年生物量增量的基础上收获一定比例的生物量。因此：

$$C(V)=\alpha_V \gamma_V (1-e^{-\varepsilon_C V/V^*}) \qquad (4.8)$$

B. 水文（含水量）与其他组分的关系

E 可分为地表蒸散 E_S 和植被蒸散 E_V。对于 E_S，其他条件一定时，E_S 随 W 的增大而增大，当 W 达到一定值后，E_S 饱和；其他条件一定时，无植被覆盖的区域为最大蒸散，有植被覆盖的区域（σ），植被覆盖度增大使蒸散量减少；其他条件一定时，有机质含量饱和前，有机质会增大持水能力，蒸散量大致随有机质的增加而减少，满足如下函数：

$$E_S = e^*\left((1-\sigma)+\sigma(1-k_{E_S}(1-e^{-\varepsilon_{E_S} V/V^*}))\right)(1-e^{-\varepsilon_{E_S}' W/W^*})e^{-\varepsilon_{E_S}'' S/S^*} \qquad (4.9)$$

$$\sigma = 1-e^{-\varepsilon_\sigma V/V^*} \qquad (4.10)$$

E_V 与 V、W、S 呈正比关系，但蒸散有最大饱和值，据此满足如下函数：

$$E_V = e^*\varphi_{SV}\sigma(1-k_{E_V}e^{-\varepsilon_{E_V} V/V^*})(1-e^{-\varepsilon_{E_V}' W/W^*})(1-e^{-\varepsilon_{E_V}'' S/S^*}) \qquad (4.11)$$

其他条件一定时，R 随 W 的增大而增大；无植被覆盖的区域为最大径流，有植被覆盖的区域（σ），植被阻滞增强使径流量减小；有机质越多，土壤持水能力越强，径流越弱。因而满足如下函数：

$$R = \lambda_R P\left((1-\sigma)+\sigma(1-k_R(1-e^{-\varepsilon_R V/V^*}))\right)(e^{\varepsilon_R' W/W^*}-1)(e^{-\varepsilon_R'' S/S^*}) \qquad (4.12)$$

C. 土壤（有机质）与其他组分的关系

有机质源（植被残体含有机质部分）的总量 T 全部来源于植被的死亡残体 M，并取含碳率为 0.5，满足如下数学关系：

$$T=0.5M=0.5\alpha_V \beta_V (e^{\varepsilon_M V/V^*}-1)\left(\begin{array}{c}(1-e^{-\varepsilon_M' W/W^*})^{-1}+\\(e^{\varepsilon_M'' W/W^*}-1)\end{array}\right)(1-e^{-\varepsilon_M''' S/S^*})^{-1} \qquad (4.13)$$

植被残体堆积不分解为有机质，直接堆积在地表上，当植被越茂盛、土壤有机质越多时，越容易发生植被残体的堆积，满足如下数学关系：

$$A=0.5\alpha_S \alpha_V (e^{\varepsilon_A V/V^*}-1)(e^{\varepsilon_A' S/S^*}-1) \qquad (4.14)$$

在温度等其他条件一定时，V 越高，土壤微生物越活跃，有利于有机质的矿化分解，D 随 W 和 S 的增大而升高，满足如下数学关系：

$$D=\beta_S(1-e^{-\varepsilon_D V/V^*})(1-e^{-\varepsilon_D' S/S^*})(1-e^{-\varepsilon_D'' S/S^*}) \qquad (4.15)$$

3）扰动和变化

由于恢复力是系统应对扰动或变化时体现出来的能力，因此扰动和变化也是恢复力及其概念形成和讨论的基础，当脱离扰动和变化时，系统恢复力无从谈起。因此，本书对扰动和变化也给出数学表达式。

A. 采矿扰动和恢复工程的扰动

采矿扰动，如挖损、压占、沉陷、污染，恢复干预，如植被重植、土壤改良，会对系统生物或者非生物组分产生影响。仍然考察采矿扰动和恢复干预对简化的矿山土地生态单元的影响，如图 4.6 所示。采矿扰动会对几个状态变量（V，W，S）产生直接影响（邹慧等，2014）。例如，挖损、沉陷扰动会降低甚至清除地表植被生物量，植被重植等则会直接增加生物量。此外，采矿扰动和恢复工程也会影响组分间各个关系函数的参数变量，包括 V^*、W^*、S^* 等。例如，挖损、复垦使得土壤持水能力、植被初级生产力减弱或者增强（Hou et al.，2015；Wang et al.，2018）。这些参数变量受到影响后，又间接影响状态变量。

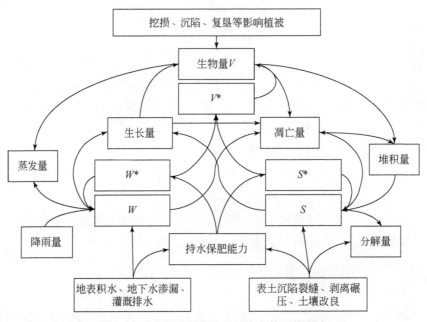

图 4.6　矿山扰动对简化土地生态单元的影响

矿山生态采矿扰动或恢复干预一般以状态变量（X）和参数变量（p）的突变体现出来。考虑将变化前（X_a，p_a）、后（X_b，p_b）的状态或参数表达为一个简单线性函数：

$$X_b = \theta_X \times X_a \tag{4.16}$$

$$p_b = \theta_p \times p_a \qquad (4.17)$$

式中，θ_x 和 θ_p 分别为状态变量和参数变量的扰动系数，对于不同矿山土地生态单元，这个系数可能会有差异。尽管采矿扰动及其他变化是恢复力的语境基础，但这个状态变量和参数变量的扰动不会长期存在，即式（4.16）和式（4.17）不会长期存在，这一点与前述系统内部组分间关系的存在形式不一样。

B. 其他变化

除采矿扰动和人工恢复以外，矿山土地生态系统还受到其他因素的扰动，这些因素可能会包括野火、干旱等。与采矿扰动的必然性不同，这类变化类型多，随机性大，因此将这些因素表达为高斯白噪声，考虑随机因素对 V、W、S 的影响，将前述土地生态系统微分方程组形式（VWS_model）改写为如下形式：

$$dV/dt = f(V,W,S) + \eta_V \xi(t) \qquad (4.18)$$
$$dW/dt = g(V,W,S) + \eta_W \xi(t) \qquad (4.19)$$
$$dS/dt = k(V,W,S) + \eta_S \xi(t) \qquad (4.20)$$

式中，$\xi(t)$ 表示一个均值为 0、方差为 1 的高斯白噪声；η_V，η_W，η_S 表示随机因素对状态变量（生物量、含水量和有机质）的扰动强度系数。

可以看出，矿山土地生态系统内在存在很多组分及关系，使得矿山土地生态系统表现出一定的功能和结构，这些组分及组分间的关系还是生态过程、生态反馈的物质基础，也即系统运行的基础。而系统在运行过程中，如果对其施加一个扰动，这些组分和关系则可以运转起来调控系统的状态。因而，可以认为，矿山土地生态系统组分及组分间的关系是恢复力形成的基础。

4.2.2 矿山土地生态系统恢复力的形成过程

1. 形成过程的理论分析

对于一般复合系统而言，由于其内部组分及结构的存在，系统总是自动地经历由无序走向有序、由低级走向高级的自组织演化过程。耗散结构理论指出在热力学非平衡态的条件下，系统具有非均匀和非对称性，从而不断产生物质、能量和信息流动，使得系统总熵减小，系统由无序趋于有序，最终走向平衡态。因而，系统在面临扰动时体现出自组织、自调节的能力。而通过自组织、自调节及恢复力体现出来，就形成了一种面临扰动时保存系统状态（组分、结构和功能等）的能力。

矿山土地生态系统具有组分，这些组分间还相互关联，这构成了系统运行及应对扰动能力的基础。当对系统的扰动发生后，系统某个变量或参数发生变化，从而使得系统脱离平衡状态，系统根据内部组分及其关系进行自我调节，重新向平衡状态演化。矿山土地生态系统在面临扰动时，体现出对扰动的应对能力，即形成恢复力。当然，系统的这种应对扰动的能力是有限度的，即恢复力是有限度的。

在矿山，一个典型例子就是矿山植被-土壤连续体在受到采矿扰动后朝成熟、高级方向自然演替。例如，中国平朔露天煤矿复垦林地的林木蓄积量、土壤各环节因子都呈现"S"形曲线增长（王金满等，2013），美国俄亥俄州采矿复垦林地的表层土壤（0～5cm）C库和N库25年增长了近300%，增长过程符合倒立二次函数曲线（Shrestha and Lal，2010）。德国 Lusatia 矿区人造的 Chicken Creek 小型流域中，土壤 SO_4^{2-}、EC 整体呈降低趋势但伴随年际波动，而植物物种数、土壤动物群丰富度整体呈升高趋势但伴随年际波动（Elmer et al.，2013）。矿山的很多自恢复、自然恢复现象也说明系统组分是关联的。例如，神东低潜水位井工矿区土壤水（地下10cm处）被裂缝扰动后，在8天内从4.4%下降到3.2%，但17天后又恢复到原有水平，这主要是因为裂缝闭合，蒸发减少，降雨或周边土壤水分侧向补给（李全生等，2012），这表明不同空间单元的地下水组分是关联的，土壤水、土壤及气候组分间的反馈关系起了作用。中国黄土高原地表裂缝在多年后开始愈合，自然营力（水力、风力、重力）、人类或动物活动是驱动因素，这体现出土壤、地形、水文、气候、人文组分间的关联在裂缝恢复中发挥了作用（张黎明，2017）。

实际上，对于一个动力系统，若存在一个数学上的平衡解，且这个平衡解是渐进稳定的，则系统的平衡解与状态变量的初值无关，即在一个邻域内取任意初值，随着时间变化，系统状态变量都会趋向平衡解，一个对状态变量的较小扰动并不改变系统最终的平衡解。若吸引域是局部的，一个对初值的较大扰动发生后，系统状态变量不趋向原平衡解，而是趋向其他平衡解或者无平衡解。若动力系统与任意邻近系统都是轨道拓扑等价的，则系统结构是稳定的，在这种情况下，系统参数变化时，系统的平衡解及其稳定性不发生变化，即对参数扰动时，不改变系统的平衡性质（盖拉德·泰休，2011）。这种动力系统的数学性质实际上是系统自组织能力的体现，也是系统应对扰动保存状态的能力（恢复力）形成的数学过程和原理。

2. 形成过程的数值分析

对系统构成、组分及其关系、扰动和变化的模型化表达，实际上形成了一个数学上的动力系统。在此基础上，采用数值分析的方法来进一步描述矿山土地生态系统恢复力的形成过程。

1）参数准备

首先，对模型表达式［式（4.1）～式（4.20）］中的各个参数进行确定。为增强实际参考价值，参数的取值结合实例矿山的情况来确定。由于露天矿山和井工矿山的采矿扰动有较大差异，在 3.3 节的四个实例矿山中，选取动力学行为较丰富的中国补连沟井工矿山、澳大利亚 Curragh 露天矿山作为数值分析对象。

A. 状态变量的特征量与饱和值

对于状态变量 V、W、S，引入特征量的目的是将［式（4.5）～式（4.15）］改写为无量纲的标准化形式。地球上不同地带的生态功能区具有不同的特征量。参照各个矿山研究文献中对照区或者采矿前实测量的均值（Matos et al.，2012；Mckenna et al.，2017；Clinton，2003；Shrestha and Lal，2007；解宪丽等，2004；毕银丽等，2014），标定两个案例矿山的特征量。V_m、S_m 依据全球变化生物量和有机质分布取矿山周边地区的最大值，W_m 取矿山扰动周边对照区或扰动前土壤类型的最大田间持水量，结果如表 4.2 所示。

表 4.2 状态变量的特征量与饱和值

地点	土地生态系统类型	特征量和饱和值		
		V^*/V_m（kg）	W^*/W_m（mm）	S^*/S_m（kg）
补连沟，中国	中温带稀疏灌草丛	0.30/0.60	224.00/448.00	1.49/2.98
Curragh，澳大利亚	亚热带稀疏灌草	0.45/0.90	784.00/1120.00	2.24/4.47

注：一般而言，植被的水分、肥力消耗主要是在土壤 400cm 土层以内（郭忠升和邵明安，2004），土地生态单元取面积为 1m²、深度为 4m 的立体有界空间，所以特征量和饱和值都是在这个立体有界空间上的取值结果。

B. 其他参数的确定

对于饱和系数 ε（ε_G，ε_G'，ε_G''，ε_M，ε_M'，ε_M''，ε_M'''，ε_{E_s}，ε_{E_s}'，ε_{E_s}''，ε_{E_v}，ε_{E_v}'，ε_{E_v}''，ε_R，ε_R'，ε_R''，ε_A，ε_A'，ε_D，ε_D'，ε_D''），当没有引入外界变化时，达到饱和条件后，应使得

$$f(\varepsilon) = (1 - e^{-\varepsilon X_M/X^*}) \approx 1 \tag{4.21}$$

式中，ε 为一个状态变量对另一个状态变量 X 的饱和系数；X^*，X_M 分别为已标定的 V，W，S 的特征量和饱和值。

最大蒸发潜力 e_s^* 采用彭曼公式计算得到（王菱等，2004）。α_V 的实质为年净初级生产力，采用 MODIS 的 NPP 数据产品获取。当 V，W，S 都达到饱和时，G 应该等于 M，因而有：

$$\frac{dV}{dt} \rightarrow 0, \quad \text{当} X \rightarrow X_M \tag{4.22}$$

根据式（4.22），可以解出 β_V，考虑矿山在自然情况下，主要活动为采矿，放牧和收获较少，令 γ_V 为 0.1。

k_{E_V}、k_R（0.3～0.7）、k_{E_S}（0.3～0.7）、φ_{S_V}（0.5～0.8）的估计参见文献（曾晓东等，2004），大抵是植被高度越低，取值越大，植被高度越高，取值越小。

有机质的分解率 β_S 取有机质总量的 1%～3%，气候越干燥，取值应越小。当 V、W、S 都达到饱和时，有机碳源输入总量 T 应该等于堆积量 A 和有机质矿化分解量 D 之和，因而有：

$$\frac{dS}{dt} \to 0, \ \text{当} X \to X_M \tag{4.23}$$

根据式（4.23），可以解出 α_S。在未引入采矿扰动及其他变化时，各个参数的最终取值和含义见表 4.1。

C. 扰动和变化参数的确定

井工矿山（以补连沟为案例）潜水埋深大，地表沉陷后不积水，主要扰动方式为沉陷和地表裂缝。研究表明，沉陷裂缝使得生物量、含水量、有机质减少，沉陷不改变植被和土壤类型，因此对 V、W、S 的饱和值影响不显著。此外，裂缝增加植被死亡概率和土壤表面，因而植被生产力降低，死亡率、径流系数、凋落物堆积系数、有机质分解潜力增大。

当地生态建设措施主要是植被补栽，并伴随裂缝充填、灌水措施，这直接增加生物量、含水量、生产能力。恢复后，其他参数与采矿扰动前接近。根据这一区域的相关研究成果（毕银丽等，2014；杨泽元等，2017；叶瑶等，2015；杨永均等，2015），对扰动系数进行取值，如表 4.3 所示。这里的取值是依据其他研究成果所取的平均值，这些值缺乏精确性，但能大致反映扰动和恢复的情况，可用于探讨恢复力的形成过程。另外，当地主要受气候变化的随机扰动（Lei et al.，2016），根据气候变化强度，随机扰动噪声取值为 V^*、W^*、S^* 的 ±10%。

对于露天矿，其实剥离、挖损是对生态系统的彻底摧毁，植被被彻底清除，土壤层被移除，表层岩土混合体持水保肥能力差，地表径流增大，水土侵蚀严重。但由于气候、水文等组分仍然存在，土地生态单元仍然保持一定的植被生长潜力，但植被凋亡率增大。较好的生态恢复工程能够对地形、土壤非生物组分进行改造，但恢复阶段的早期生物量和有机质都较低，年初级生产力也低于周边平均水平。根据这一区域的相关研究成果（McKenna et al.，2017；Erskine and Fletcher，2013；Wang et al.，2018）对扰动系数进行取值，如表 4.3 所示。另外，当地属于亚热带地区，年际之间生态学指标波动明显。根据气候变化强度，随机扰动噪声取值为 V^*、W^*、S^* 的 ±30%。

表 4.3 采矿扰动和恢复对状态或参数变量的扰动系数

地点	类型	扰动项		
		状态变量初始值	状态变量特征值	参数变量
补连沟	采矿扰动	V、W、S 分别为原始平衡态的 85%、85%、85%	V^*、W^*、S^* 分别为原始平衡态均值的 100%、100%、100%	α_V、β_V、λ_R、α_S、β_S 分别为初始状态的 85%、115%、2000%、115%、115%
	恢复干预	V、W、S 分别为原始平衡态的 120%、120%、100%	V^*、W^*、S^* 分别为原始平衡态均值的 100%、100%、100%	α_V、β_V、λ_R、α_S、β_S 分别为初始状态的 120%、100%、100%、100%、100%
Curragh	采矿扰动	V、W、S 分别为原始平衡态的 0%、50%、0%	V^*、W^*、S^* 分别为原始平衡态均值的 50%、50%、50%	α_V、β_V、λ_R、α_S、β_S 分别为初始状态的 50%、150%、2000%、150%、50%
	恢复干预	V、W、S 分别为原始平衡态的 50%、100%、50%	V^*、W^*、S^* 分别为原始平衡态均值的 100%、100%、100%	α_V、β_V、λ_R、α_S、β_S 分别为初始状态的 85%、100%、100%、100%、100%

2）数值分析方法

为反映恢复力形成的数学过程，将 4.2.1 节中表达出的系统架构和组分间关系作为数学动力系统，首先判断平衡点的稳定性，并做出动力系统轨线族的拓扑结构图。根据常微分动力方程的基本原理（盖拉德·泰休，2011）（下文出现的一些数学描述、数学概念等都可以参见该文献），对于上述 VWS_model 系统，若有解 (V, W, S) 满足：当 $t \to \infty$ 时，从附近区域 (D) 任意一点 (V_0, W_0, S_0) 的轨线趋向于该点，则该点为平衡点，即初值点的小偏差不影响解的最终趋势，该平衡点是渐进稳定的，否则称为不稳定。如果 D 是全空间的，则该平衡点是全局渐进稳定的。按照线性近似稳定性判断方法，令

$$dV/dt = 0, dW/dt = 0, dS/dt = 0 \tag{4.24}$$

根据式（4.24）可以求得 V，W，S 的零倾线，零倾线在 $V>0$、$W>0$、$S>0$ 范围内的交点即平衡点，判断平衡点稳定性情况，根据式（4.1）～式（4.3），可以得到雅可比矩阵：

$$J = \begin{bmatrix} \partial f/\partial V & \partial f/\partial W & \partial f/\partial S \\ \partial g/\partial V & \partial g/\partial W & \partial g/\partial S \\ \partial k/\partial V & \partial k/\partial W & \partial k/\partial S \end{bmatrix} \tag{4.25}$$

将平衡点代入式（4.25）中，求出该点雅可比矩阵的特征值 λ，若特征值的实部都是负数，则平衡点是稳定的；否则，平衡点是不稳定的。对 (V, W, S) 取不同的初值，在一个二维平面上绘制不同初值到平衡点的轨线。分别研究无扰动、采矿扰动后、恢复后、随机扰动四种情景下的动力系统平衡点的稳定性，从

而反映在状态变量扰动下动力系统所形成的恢复力的情况。

另外，对于一些常微分系统，参数的改变会引起解不稳定，从而导致解的数目发生变化，若系统结构不稳定，适当扰动会使系统的拓扑结构发生突然的质的变化，这种变化被称为分岔。发生分岔处的参数的值称为分岔值。分岔有鞍结分岔、Hopf 分岔、尖点分岔等类型。因此，分析系统在无扰动、采矿扰动后、恢复后（注：此处不研究随机扰动下的结构稳定性，是因为在随机扰动下动力系统无平衡点和稳定结构）三种情景下的结构稳定性。对于不同情景下的动力系统，对不同的参数进行连续取值，然后在连续取值的情况下，求出不同参数的分岔值及分岔类型，并分析系统的结构稳定性，从而反映在参数变量扰动下动力系统所形成的恢复力的情况。

上述数值分析采用 Matlab 和 matcont 软件实现。

3）数值分析结果

A. 平衡解及其吸引性

表4.4给出了平衡解及其稳定性的数值分析结果。补连沟和Curragh在无扰动、采矿扰动后、恢复后情景下各有两个平衡点，这表明 4.2.1 节中表达的各种组分及其关系具有平衡态。在真实矿山土地生态系统中，各种组分关系更加复杂，可能会具有多个平衡点。数值分析得到的平衡点包括渐进稳定和不稳定鞍结点两种类型。其中，渐进稳定表明在一定范围内动力系统的最终解不受初值的影响。不稳定鞍结点表明该点是一个数学上的奇点。在随机扰动情景下无稳点，最终解在一个范围内波动变化，如补连沟的 V、W、S 分别在 0.40 ± 0.01kg、661.24 ± 7mm、4.09 ± 0.02kg 范围内变动。比较不同情景下的平衡点性质可以发现，采矿扰动会使得平衡点降低，如生物量 V 的渐进稳定平衡解从 0.65kg 降低到 0.58kg，又使得平衡点恢复到与无扰动相近的水平，且在不同情景下，从 V^*、W^*、S^* 到最终平衡点的时间历程有区别，如采矿扰动后（288）比无扰动（99）情况需要更长的时间恢复到平衡点状态。

表 4.4　动力系统平衡解及其稳定性

地点	情景	平衡点（V, W, S）	从初值到稳定点的时间	类型
补连沟	无扰动	(0.65, 239.26, 2.12)	99	渐进稳定
		(0.40, 661.24, 4.09)	—	不稳定鞍结点
	采矿扰动后	(0.58, 213.72, 1.99)	288	渐进稳定
		(0.24, 747.66, 4.51)	—	不稳定鞍结点
	恢复后	(0.66, 239.36, 2.15)	88	渐进稳定
		(0.41, 657.21, 4.10)	—	不稳定鞍结点

地点	情景	平衡点（V, W, S）	从初值到稳定点的时间	类型
补连沟	随机扰动	（0.40±0.01，661.24±7，4.09±0.02）	—	不稳定
		（0.65±0.01，239.26±7，2.12±0.02）	—	不稳定
Curragh	无扰动	（1.01，697.08，3.53）	87	渐进稳定
		（0.68，1541.69，5.98）	—	不稳定鞍结点
	采矿扰动后	（0.40，283.53，1.65）	+∞	渐进稳定
		（0.13，949.35，3.63）	—	不稳定鞍结点
	恢复后	（1.00，696.75，3.49）	163	渐进稳定
		（0.68，1545.36，5.94）	—	不稳定鞍结点
	随机扰动	（1.01±0.3，697.08±23，4.09±0.6）	—	不稳定
		（0.68±0.2，1541.69±35，5.98±1.10）	—	不稳定

注：表中 V 的单位为千克，W 的单位为毫米，S 的单位为千克。

表 4.4 中的稳定时间是指从特征值到稳定平衡点的时间历程的长短。由于 4.2.1 节中采用微分方程而非差分方程表达各种组分间的关系（恢复力形成的基础），因而稳定时间的单位不是年，其数值仅有相对比较的意义。另外，分岔只有水域、沙漠、有植被三种状态，这是因为对土地单元进行简化时，植被的状态变量考虑了生物量。如果考虑多种植被的生物量，则这个系统会有多个状态。

图 4.7（a）～图 4.7（d）分别给出了不同情景下（无扰动、采矿扰动后、恢复后、随机扰动）的补连沟动力系统轨线族的拓扑结构（平面相图）。实际上可以给出关于 V、W、S 的三元相图，形成一个相空间，但这不利于观察和解释。图 4.7 中标绘了各个平衡点，模拟了从 V、W、S 到平衡态的运动轨线（粉色）和其他不同初值下的运动轨线（蓝色）。

在四个情景中都可以观察到一个等倾面的存在，这个等倾面穿过不稳定鞍结点。在等倾面的右下侧，此时不论初值如何，轨线在经过不稳定鞍结点后，都趋向于 W 无穷大的方向。等倾面的左上侧区域，不论初值如何，当 $t \to +\infty$ 时，轨线总是趋向于平衡点。这种数学性质具备生态学含义，即当生物量和含水量超过一定范围时，如当图 4.7（a）中 W 大于 800mm 时，意味着这个土地生态单元的土壤含水量过多，甚至成为一个水域，不论生物量取值为多少（如种植 1 棵树或者 1000 棵树来增加生物量），这些树都会渍水而死亡，土地生态单元终归为水域状态（不考虑水生植物的特殊情况）。而当 V、W 都在一定范围内时，对 V 扰动后（如采矿扰动不扰动参数变量，只扰动状态变量 V，移除一些植被使得 V 从 0.6kg 降低到 0.2kg），经过演替，V 最终仍会恢复到平衡点，这意味着系统状态（特别是生态系统的功能，如生物量提供这个生态系统服务）得以保存。因而，一个渐进稳定平衡点的吸引域形成，在面临状态变量的扰动时，系统保持其状态的能力就体现出来，即恢复力体现出来。

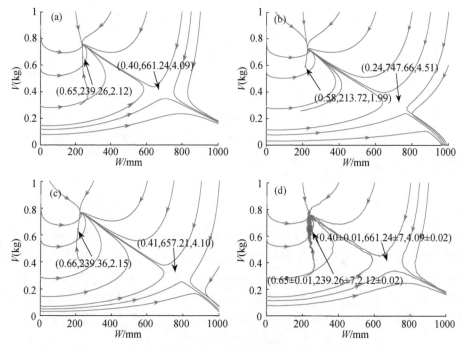

图 4.7　补连沟井工矿山轨线族的拓扑结构

如果将三状态变量动力系统（VWS_model）的三元相图表示出来，则形成一个三维吸引域，也即文献综述中所提到的景观稳定性模型（恢复力的球盆隐喻，如图 2.4 所示）。在现实中，矿山土地生态系统可能会有多个状态变量，这个吸引域则是一个高维空间。

对于补连沟，在不同情景下，根据实际情况对其设置了扰动和变化，这些扰动和变化不仅扰动了状态变量，还扰动了参数变量（表 4.3），这使得不同情景下的吸引域的形态（大小、范围等）有区别。例如，补连沟无扰动和采矿扰动后的不稳定鞍结点坐标分别为（0.40，661.24，4.09）、（0.41，657.21，4.10），这说明等倾面不同，等倾面左上方的吸引域的位置也有区别，这使得不同情景下矿山土地生态系统应对扰动的能力也不同。

Curragh 露天矿山数值分析结果与补连沟井工矿山大体上有相似的拓扑结构，也具备这种吸引性，这是因为它们的数值分析都是基于同一个 VWS_model，其模型基础一致。较为特殊的是，其一，在图 4.8（b）（采矿扰动后的拓扑结构）中，尽管也有两个平衡点（一个为渐进稳定点，一个为不稳定鞍结点），但经扰动后，由于 V、W、S 的初值分别为 0、398、0，在这个初值条件下，不再恢复到渐进平衡点。这个现象与现实相符，如很多露天采场（坑）在停止采矿多年后仍然为裸地，难以恢复为有植被覆盖的林地或草地。这表明状态变量的初值存在临界值。其二，在图 4.8（d）（随机扰动下的拓扑结构）中，状态变量的随机波动更严重，以至没有稳定的平衡解。

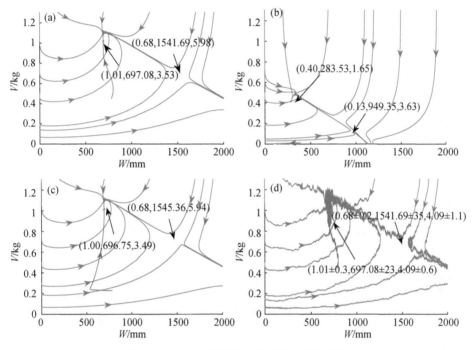

图 4.8　Curragh 露天矿山轨线族的拓扑结构

B. 动力系统结构的稳定性

从平衡点及其吸引性的分析结果来看，采矿扰动使得一些状态变量和参数变量受到一定的影响，系统受到扰动后吸引域发生了变化，但吸引域仍然存在，如果这些扰动使得系统的参数变量变动过大，吸引域是否仍然存在？下文用数值分析的结果来讨论这个问题。

数值模拟结果显示，降水量（是指土地生态单元的所有来水量）（P）、年最大生物量增长量（α_V）、最大有机质分解潜力（β_S）三个变量存在分岔现象，其他参数变量变化时，平衡点发生连续变化但不存在突变分岔的现象。因此，以下重点对 P、α_V、β_S 三个参数变量进行讨论。图 4.9 和图 4.10 给出了不同参数变量在不同情景下的分岔现象，其中以生物量 V 为状态变量（纵轴）绘制成图。图中浅绿、粉色、深绿曲线分别表示无扰动、采矿扰动后、恢复后的平衡点曲线。平衡点曲线上的所有取值点均为平衡点。

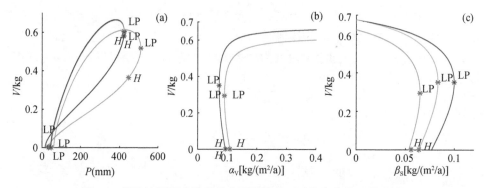

图 4.9　补连沟不同参数变量在不同情景下对状态变量 V 的分岔

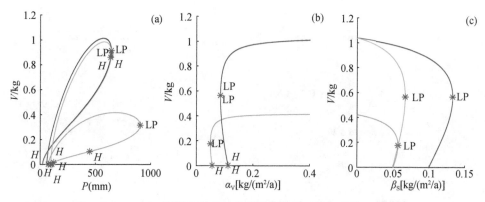

图 4.10　Curragh 不同参数变量在不同情景下对状态变量 V 的分岔

　　从图 4.9（a）中可以看出，在无扰动情景下，浅绿色平衡点曲线上有两个 LP 点（limited point，临界 fold 分岔点，经过此点后无平衡点），当 P 在两个 LP 点取值时，V 有两个取值，则系统具有两个平衡点。此外，还存在一个 H 点（Hopf 分岔，经过此点平衡点由稳定变为不稳定并从中生长出极限环）。若取 P 等于 345mm，则在无扰动情景下有 $V=0.65kg$ 和 $V=0.40kg$ 两个平衡点（即表 4.4 中所示的特殊情况），其中 $V=0.65kg$（同时，$W=239.26mm$，$S=2.12kg$）处是一个渐进平衡点。但当 P 在 LP 点外侧取值时，如 $P=1000mm$ 这条直线与浅绿色平衡点曲线没有交点，则此时没有平衡点，在实际中的含义为，如果土地生态单元的来水量过大，植被无法生存（不考虑有水底植物的情况），当 $t \to +\infty$ 时，V 为 0，此时，如果每年的来水量 P 持续保持 1000mm，V 仍然为 0，土地单元的含水量 W 则会无穷累积增大，即 W 没有定值，这使得动力系统不再具有平衡解，系统状态处于混乱状态，则吸引域不存在，此时不具备恢复力，如果扰动（增加或减少）状态变量 W，W 都不会恢复到某个平衡态，而是趋向于无穷大。

类似地，在采矿扰动后和恢复后，V 对 P 的平衡点曲线也有这种形式，值得一提的是，在采矿扰动后，粉红色平衡点曲线的 LP 点左移，表明采矿扰动后状态平衡的范围增大，主要原因是在本节扰动和变化参数中设定了沉陷裂缝，增大了地表径流比例，这使得扰动后的土地生态单元可以疏排更多的降雨（包括灌溉等来水总量）。

同理，可以观察图 4.9（b）和图 4.9（c）中的 V 对参数 α_V、β_S 的分岔情况，对分岔进行了统计，如表 4.5 所示。这些分岔值是基于简化的土地生态单元微分动力系统的数值模拟得到的，这些值仅用于大致反映矿山土地生态动力系统的分岔、稳定性、恢复力情况，不能精确反映自然界的真实情况，当引用为科学和实践的证据时，需要仔细评估和验证。

通过上述分析可以看出，当参数变量在一定范围内变动时（如受到一个较小扰动），系统平衡点及其吸引域仍然存在，使得系统状态变量仍然可以趋向于某个平衡点，尽管这个平衡点可能异于参数变量未改变之前的平衡点，但系统仍然保持了定性结构。从生态学角度来看，即矿山土地生态系统的一些组分及其关系仍然发挥作用，结构和反馈得以保存。当定性结构不能保存时，如图 4.9（a）中的 P 取值为 1000mm 时，经过积累，土地生态单元成为一片水域，植被生长、蒸腾过程则没有发挥作用（不考虑有水底植物的情况），此时矿山土地生态系统的结构和反馈没有得到保存。

表 4.5　不同参数变量在不同情景下对状态变量 V 的分岔统计

地点	情景	参数	分岔值	分岔效应
补连沟	无扰动	P	15.93 421.75	该双分岔值区间外不存在吸引域，V 为 0，S 有较小值，W 无解
		α_V	0.07	小于该分岔值时，不存在吸引域，V 为 0，W 和 S 有较小解
		β_S	0.08	大于该分岔值时，不存在吸引域，V 为 0，W 和 S 有较小解
	采矿扰动后	P	33.64 510.10	该双分岔值区间外不存在吸引域，V 为 0，S 有较小值，W 无解
		α_V	0.09	小于该分岔值时，不存在吸引域，V 为 0，W 和 S 有较小解
		β_S	0.06	大于该分岔值时，不存在吸引域，V 为 0，W 和 S 有较小解
	恢复后	P	15.47 421.70	该双分岔值区间外不存在吸引域，V 为 0，S 有较小值，W 无解
		α_V	0.07	小于该分岔值时，不存在吸引域，V 为 0，W 和 S 有较小解
		β_S	0.10	大于该分岔值时，不存在吸引域，V 为 0，W 和 S 有较小解

地点	情景	参数	分岔值	分岔效应
Curragh	无扰动	P	21.97 637.83	该双分岔值区间外不存在吸引域，V 为 0，S 有较小值，W 无解
		α_V	0.08	小于该分岔值时，不存在吸引域，V 为 0，W 和 S 有较小解
		β_S	0.13	大于该分岔值时，不存在吸引域，V 为 0，W 和 S 有较小解
	采矿扰动后	P	73.00 903.73	该双分岔值区间外不存在吸引域，V 为 0，S 有较小值，W 无解
		α_V	0.05	小于该分岔值时，不存在吸引域，V 为 0，W 和 S 有较小解
		β_S	0.06	大于该分岔值时，不存在吸引域，V 为 0，W 和 S 有较小解
	恢复后	P	22.30 638.00	该双分岔值区间外不存在吸引域，V 为 0，S 有较小值，W 无解
		α_V	0.08	小于该分岔值时，不存在吸引域，V 为 0，W 和 S 有较小解
		β_S	0.11	大于该分岔值时，不存在吸引域，V 为 0，W 和 S 有较小解

此外，在现实情况中，系统有多个参数变量。当同时考虑多个参数变量的共同作用时，这些参数受到扰动后，若仍然在某个高维参数空间内运行，系统保持其定性结构，这意味着系统状态（特别是生态系统的结构和反馈，如植物生长、水分蒸腾）能够得到保存。因而，一个系统运动的安全参数空间形成，在面临参数变量的扰动时，系统保持其状态的能力就体现出来，也即恢复力体现出来。

因而，从数学角度可以认为矿山土地生态系统恢复力的形成过程是，在面临扰动时，矿山土地生态系统通过自组织使得系统的平衡解和定性结构不发生改变的过程。因此恢复力可以看作矿山土地生态系统的一种动力学属性。

4.3　矿山土地生态系统恢复力的属性

4.3.1　矿山土地生态系统恢复力的物质性

1. 物质性特征及其来源

物质性特征来源于物理学领域，它描述力是物体对物体的作用，力不能脱离物体而独立存在，因此力具有物质性特征。类似地，矿山土地生态系统恢复力也有这样的特征。矿山土地生态系统恢复力是土地生态系统面对采矿扰动或其他变化时体现出的能力。土地生态系统、采矿扰动及其他变化是两个具体对象，本书已经将它们称为恢复力概念的主体和客体。矿山土地生态系统恢复力是两个具体对象之间的作用体现，因而其具备物质性特征。

从另一个角度也可以看出矿山土地生态系统恢复力具有物质性特征，矿山土地生态系统组分及其相互关系是系统运行的基础，也是恢复力的形成基础。而在恢复力的形成过程中，如果没有扰动，则平衡点的吸引性、系统运动稳定性只是矿山土地生态系统的一个内在属性，而不以任何形式体现出来，即不体现面临扰动保持状态的能力（恢复力）。只有经受扰动，这种属性才能表现出来。正如物理世界的力一样，如果没有外力作用，物体将永远匀速运动，而如果物体做变速运动，那么肯定是外力在起作用。可见，恢复力具有物质性特征，其主体和客体缺一不可，不能脱离主体和客体来讨论恢复力。

2. 物质性特征的启示

恢复力是一个名词，且是一个抽象名词，并不指向一个实物，而是描述一种品质，尽管与"恢复""修复""回复""复原"等矿山土地复垦和生态修复常用的专业术语表面上较为接近，但本质含义有较大区别，因为这些术语作为动词时表述的是一种过程而非品质，作为名词时表示的是一个事件也非品质。另外，恢复力与恢复能力也有较大区别，尽管矿山土地生态系统恢复能力也是描述某个主体（如土地生态系统）品质的抽象名词，但使用恢复能力这个概念时，其客体（某种扰动）可以缺失。例如，可以描述某一块退化的土地具有恢复能力，但这种恢复能力可以不针对任何客体（扰动），仅仅描述的是系统具有演替、更新、发展的能力。

矿山土地生态系统恢复力的物质性特征使得其在被使用时，必须明确恢复力的作用对象，即必须明确恢复力的主体和客体。例如，可以表达植被群落对采矿扰动引起的地下水位下降的恢复力、复垦后的地貌对水土侵蚀的恢复力、复垦农田系统对生物入侵的恢复力、矿山排土场对土壤改良工程扰动的恢复力、旱地对沉陷积水的恢复力等。

如果仅有客体，而没有主体，如沉陷恢复力、压占恢复力、气候变化恢复力，人们会不知所云，这是因为这些概念没有实际的作用主体，因而没有实际意义。如果仅有主体，而没有客体，则容易使人产生质疑，如给一些实物加上恢复力一词，企业恢复力、土地恢复力、城市恢复力，则容易产生质疑，究竟这些企业、土地、城市有没有恢复力？似乎很难找到恢复力的外在体现，这也许是恢复力被滥用、变得空洞的原因之一。当企业恢复力、土地恢复力、城市恢复力这些名词被使用时，其客体并不单独指某个特定扰动，可能指所有的扰动和变化，因而省略了客体，即使用者可能是想表达企业、土地、矿山、城市应对所有扰动和变化时保持这些主体状态的能力。正是因为客体可能被区分为特定扰动、所有扰动两个类型，目前恢复力也可以被划分为特定恢复力和一般恢复力两种表达形式（Walker and Salt，2006）。

4.3.2 矿山土地生态系统恢复力的量性

1. 量性特征及其来源

量性特征是一般词语具备的特征，量的认知维度有量的性质、量的有无、量的大小和量的变化。对于名词而言，量性特征是其最重要的特征之一，名词量的性质一般为物量和级次量。抽象名词的物量能力较差、级次量能力强，即可计数性差、可度量性强（赖慧玲，2009）。可度量性是指以名词的量度语义为基础、通过一定手段突显程度差别的联系特征。

矿山土地生态系统恢复力是一个抽象名词，由于量性特征是名词的一般特征，可以推断矿山土地生态系统恢复力也具有量性特征，而且恢复力的量的性质主要是级次量，其可度量性强。另外，恢复力的主体和客体一旦确定，系统面对扰动总会呈现一些状态，于是可以对状态保持的能力（恢复力）进行讨论。从这种特征看，恢复力这一抽象名词的量是存在的（即恢复力是有量的）。确定了恢复力的量的存在，则可以认识量的大小和变化，矿山土地生态系统的适应性管理及矿山土地复垦与生态修复的规划、设计、实施和监测等都有了依据。

2. 量性特征的表现

本节考察恢复力量性特征在一个简化矿山土地生态单元中的表现，仍以 4.2.2 节中的数值分析结果为基础进行讨论。

1）数学指标

具备较好的恢复力的系统会在系统运行过程中表现出：其一，吸引域大，状态变量有一定的安全变动范围，受到某种扰动后，状态变量能恢复到平衡点状态而不脱离吸引域；其二，状态变量能更快地恢复到平衡点状态；其三，参数空间大，参数变量有一定的安全变动范围，受到某种扰动后，参数不达到其分岔值，运动系统定性结构得以保存。因而定义以下三个数学指标。

（1）任何一个矿山土地生态系统都存在着控制系统演变的复杂动力学模型，确定某个平衡点有某个吸引域，如果这个吸引域足够大，则一个对初值相当大的扰动都不影响从这个初值出发的轨线趋向于平衡点，可以称这个系统抵抗扰动的能力更强，即恢复力更大。为衡量吸引域的大小，将稳定平衡点（V, M, S）到最近的一个不稳定平衡点（V_u, M_u, S_u）的欧氏距离（记为 R_D）作为反映恢复力大小的指标：

$$R_D = \sqrt{(V - V_u)^2 + (W - W_u)^2 + (S - S_u)^2} \tag{4.26}$$

（2）根据微分系统平衡点稳定性判定准则，当雅可比矩阵特征值的实部为正时，平衡点不稳定。这一性质可以用来表示一个系统在受扰动后恢复到平衡点状态的时间（Beddington et al., 1976）。取平衡点的较大特征值的实部的相反数的倒数（记为 R_T）：

$$R_T = 1/(-\lambda) \tag{4.27}$$

当平衡点的特征值趋近于 0 时，R_T 趋于无穷大，表明系统恢复到平衡点状态的时间逐渐延长，此时趋近于平衡点不稳定的情况。当平衡点的特征值越小时，R_T 趋于 0，表明系统受扰动后可以快速恢复到平衡点状态。这种性质实际上反映了吸引域的形态。VWS_model 采用的微分方法并非以时间为基础的差分方法，平衡时间是一个相对衡量时间，平衡时间不等于实际平衡需要的年数。

（3）当微分系统的参数 p（p 是表示诸如 P、α_V、β_S 参数变量的统一符号，这些参数变量的原始取值见表 4.2）发生改变时，如果两个分岔值的区间越大，或者参数值离最近的分岔值 p_0（分岔值见表 4.9）越远，则系统突破分岔值进入其他状态的可能性就越小。由于不同参数的量纲不同，需要进行无量纲化处理，因而有（记为 R_S）：

$$R_S = \frac{|p - p_0|}{p} \tag{4.28}$$

R_S 越趋近于 0，表示恢复力越小，突破分岔值的可能性越大。

2）定量结果

表 4.6 给出了不同情景和矿山地点下恢复力的统计量。从表 4.6 中可以看出，不论从哪个角度刻画恢复力，恢复力都体现出一定的量。以 R_D 指标和 R_S 指标为例，这两者实际上描述了吸引域和参数范围（空间）的大小。而吸引域和参数范围是体现或形成平衡点的吸引性、运动系统结构稳定性的关键，也即体现和形成恢复力的关键，所以恢复力体现出一定的大小。例如，无扰动时，R_D 取值为 421.98，R_S 中 p 分岔值 α_V、β_S 的取值分别为 3.29、0.75。这些数值尽管体现了恢复力的可度量性，但不具有实际量纲和生态学意义，可以作为级次量来对不同情景、不同矿山进行比较。值得一提的是，尽管 R_D、R_T、R_S 均是无量纲数据，但反映出来的恢复力大小的量值却有较大区别，这使得几个指标不具有指标间的可比性。实际上，这几个指标所描述的是从不同的角度（方面）量化了矿山土地生态系统恢复力。正如系统三维稳定性景观（球盆隐喻）指出的，恢复力具有多个方面，如范

围、抗性、不稳定性、扰沌（Walker et al., 2004）。即便是对同一个参数 p，当关注 p 的不同分岔值时，恢复力也是不一样的，如无扰动时，R_S 中 p 分岔值 p（1）、p（2）的取值分别为 20.66、4.82。这种性质说明当恢复力使用者关注不同参数时，系统体现出来的恢复力大小不一样。

表 4.6　不同情景和矿山地点下恢复力的统计量

地点	情景	R_D	R_T	R_S			
				p（1）	p（2）	α_V	β_S
补连沟	无扰动	421.98	20.98	20.66	4.82	3.29	0.75
	采矿扰动后	533.95	36.92	9.26	4.91	1.83	0.62
	恢复后	417.85	16.83	21.30	4.96	4.14	0.80
Curragh	无扰动	844.61	18.39	24.63	3.41	4.63	0.85
	采矿扰动后	665.82	24.86	6.71	4.67	4.10	0.62
	恢复后	848.61	22.51	24.25	3.36	3.78	0.82

比较不同情景下同一指标的恢复力的统计量，以 R_D 为例，可以看出，在补连沟矿山，采矿扰动后，恢复力变大（R_D 由 421.98 变动到 533.95），这是由径流比例 λ_R 变化所造成的。这种变化的实际含义是，裂缝增加了地表水的径流通道，使得土地生态单元更能抵抗过量来水（如降雨和灌溉）。这表明在不同情景之间，恢复力的量具有变化性。

进一步考察其他指标所表现出来的恢复力量的变化性，可以发现一些参数变量（如 α_V、β_S）变化后，采矿扰动使得恢复力变小（R_S 分别由 3.29 变到 1.83、由 0.75 变到 0.62）。造成这一现象的原因是 α_V、β_S 分别被调低和调高（表 4.3）。这种变化的实际含义是，裂缝使得植被年生物量增长量（初级生产能力）和植被死亡量增多，恢复力被减弱。因而，恢复力的量的变化趋势也具有变化性。Curragh 露天矿山也具有类似的特征。

3. 量性特征的启示

根据上述研究，矿山土地生态系统恢复力显然具备量性特征，具备量的大小、量的变化等特征，即可以说矿山土地生态系统恢复力是有大小的、是能变化的。而恢复力的量具体可以反映为吸引域、参数空间的基本形态（如大小、宽度等）。上述数值模拟只得到了一个吸引域和参数空间，这是因为对矿山土地生态系统单元进行了大量的简化。如果全面考虑矿山土地生态系统，状态变量、参数变量、组分间的关系则可以被推广到高维动力学系统中，此时则可能形成多个吸引域和参数空间，对高维动力系统的定量化认识太过复杂，这里不做深入讨论。但可以明确的是，这种性质被称为多稳态，近来多稳态的观点已经被广泛接受（Beisner et al.，2003）。正是因为多稳态的存在，认识恢复力的价值就体现出来，有必要量化系统在当前稳态下的恢复力，即考虑系统应对扰动并保持状态的能力。

矿山土地生态系统恢复力的量化评估必须指明具体的主体和客体才有实际意义。讨论和测度恢复力，首先需要明确恢复力的主体和客体，包括主体的状态和构成、客体的性质和强度等。如果不明确主体和客体，恢复力就无从谈起，恢复力的量化也就无从谈起。另外，还必须明确所关注的状态、参数、尺度等。否则，恢复力测度结果难以理解，没有实际价值。

由于恢复力具有变化性，采矿扰动及其他变化扰动不只是状态表现，还可能会扰动恢复力。状态表现的扰动程度如果在一定范围内，状态仍然可以恢复到原状态。如果动力系统的定性结构都被改变，则没有恢复到原状态的可能。最显著的例子就是，如果采煤塌陷引起地表积水，形成了一片水域，如果不改变状态和参数变量，靠其自然生态过程的作用，则几乎不可能形成一片陆地森林（不考虑水下森林的情况）。

4.3.3 矿山土地生态系统恢复力的可塑性

1. 可塑性特征及其来源

矿山土地生态系统恢复力的量具有变化性，如从不同角度来看，在采矿扰动后，矿山土地生态系统单元的恢复力比无扰动情景下降低或者提高了。究其原因是，采矿扰动后，矿山土地生态单元动力系统的一些状态变量和参数变量被改变，因而动力系统的运动稳定性产生了变化。因此，如果对这种改变进行有效调控，则可能会塑造（如增大或减小）恢复力。

一般来说，可塑性指一个物体在外力作用下发生形变并保持形态的性质。其中物体可以是客观对象，如胶泥；也可以是客观对象的品质，如人的性格、土地的地貌形态。矿山土地生态系统恢复力描述的是矿山土地生态系统这个主体的一种品质，而且这种品质的量具有变化性。因而，矿山土地生态系统恢复力具有可塑性，这种可塑性特征体现在恢复力可以在外部作用下发生改变，特别是恢复力这一品质的量可以被改变。因而可以认为，可塑性特征是指矿山土地生态系统恢复力是可以被塑造的。

2. 可塑性特征的表现

恢复力可以从吸引域和参数空间两个方面来表达。在状态变量和参数变量变化时，系统吸引域的形态会发生改变，因此不再从吸引域的角度讨论。这里从参数空间的角度来看恢复力的可塑性的表现，仍以 VWS_model 的数值分析结果为基础进行讨论。

1）改变系统组分（组分的参数变量）时对恢复力的塑造作用

总来水量 P 实际上可以被看作一个独立的矿山土地生态系统组分，即水文或气候组分。图 4.11（a）给出了两个 P 水平下，参数 α_V（年生物量增长量）对生物量 V 的分岔情况。两个 P 水平下，参数 α_V 都有分岔点 LP（经过此点后无平衡点）。相比之下，P 为 380mm 时，α_V 的分岔值为 0.349，P 为 345mm 时，α_V 的分岔值为 0.366。这表明，如果当地土地单元总来水量（如降水量）大一些，则 α_V 的分岔值（阈值）小一些，则可以承受更多的扰动。这里的生态学实际意义是，如果保证长期给土地生态单元灌溉，则该土地生态单元在面临干旱时，植被保存其状态的能力就大一些。

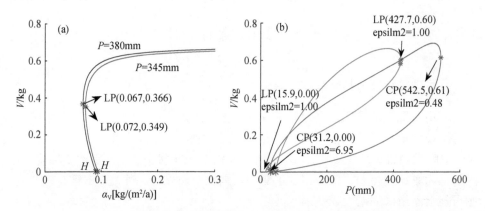

图 4.11　补连沟参数变化对系统 V 平衡点和结构稳定性的影响

2）改变系统组分间反馈关系（组分间关系的参数变量）对恢复力的塑造作用

以 ε_M''（含水量增大对年生物量凋亡量的饱和系数，决定植被的抗涝性质）为例，这个参数变量实际上是植被与水分之间反馈关系中的一个参数，式（4.7）中表达的数学关系。其实际含义是，其他条件一致，土地单元含水量越小，植被生物量的凋亡量就越小，土地单元的生物量能够累积增加，土地单元含水量达到饱和后，凋亡量过大，使得土地单元生物不再积累甚至逐渐减少。如果植被抗涝性质强（即 ε_M'' 较小），则能承受更多的土地单元含水量，从而保持凋亡量较小，生物量能够继续积累。图 4.11（b）定量反映出了这种性质，首先求解参数 P 对 V 的平衡点曲线（浅蓝色曲线，该曲线上全是平衡点且有两个 LP 点），对右侧 LP 点做双参数（P 和 ε_M''）分岔分析。固定 $P=427.7$mm，连续改变 ε_M'' 的值，观察 P 的分岔点曲线（深蓝色曲线，该曲线上全是分岔点）。可以看出，当 ε_M'' 值（图 4.11 中 ε_M'' 显示为 epsilm2）变化为 0.48 时，出现一个 CP（cusp bifurcations，尖点分岔，经过该点系统状态有跳跃现象），这一点的含义是，当 ε_M'' 的值为 0.48 时，土地生态单元参数 P 的分岔点可以移动到这一点，即 P 从 427.7mm 移动到 542.5mm 处，当 ε_M'' 的值继续减小时，系统状态发生跳跃，V 没有平衡点。因而，植被就增强了的抗涝性质，系统运行的参数范围增大，可以说系统增强了在面临来水量过大扰动时保持其植被存在的能力。观察图 4.11（b）左侧的动力学行为，还可以推断植被的抗旱性质的作用。总之，改变系统组分间关系（组分间关系的参数变量）时可能会对恢复力起塑造作用。

上文只分析了一个组分间关系的一个参数变量变化对恢复力的塑造作用，实际上，矿山土地生态系统包括很多组分、组分间关系、参数变量。下面继续考察当多个参数变量发生变化时，简化土地生态单元的动力学特性。在三种不同情景（无扰动、采矿扰动后、恢复后）下，同时考察 P，α_V，β_S 三个参数的变动。以补连沟数据为基础开展数值分析，以 P 为第一分岔参数得到平衡点曲线，然后取 P 平衡点曲线上的 LP 点，分别模拟 P 与 α_V，β_S 的分岔曲线。当模拟 P 和 α_V 的分岔曲线时，对 β_S 取不同的值；当模拟 P 和 β_S 的分岔曲线时，对 α_V 取不同的值，最后得到关于 P，α_V，β_S 三个参数的分岔曲线簇。本书实现了这些参数的离散取值的模拟，如图 4.12 所示，棕色曲线是 P 和 α_V 两个参数的分岔曲线，绿色曲线是 P 和 β_S 两个参数的分岔曲线。图 4.12 中所展示的是离散的曲线簇，如果实现连续取值，则可以得到一个连续曲面和半封闭的参数空间。

图 4.12 中所有曲线都是分岔曲线，曲线上的点全部是分岔点，只不过分岔点可能会有不同的类型，如 CP、ZH（zero-hopf bifurcation）、BT（Bogdanov-Takens bifurcation）。图 4.12 显示出了一个参数空间的框架。P，α_V，β_S 三个参数在参数空间表面上的取值组合则全部是分岔值；当在参数空间内部取值时，系统存在平衡解；当在参数空间外部取值时，系统无平衡解。在不同情景下，系统状态变量和参数变量不同，会使系统参数空间的形态发生变化，如图 4.12（b）所示，左侧 CP 分岔点大量突出，其实际意义是，矿山裂缝后，增加了径流通道，土地生态系统单元能够承受更多的来水量。总体来看，改变系统状态变量、组分参数变量、组分间关系（组分间关系的参数变量）可能会对恢复力起到塑造作用。

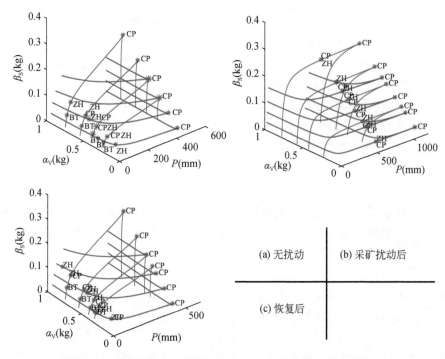

图 4.12 补连沟多参数变化对系统平衡点和结构稳定性的影响

3. 可塑性特征的启示

一个矿山土地生态系统恢复力的可塑性十分复杂，但恢复力具有可塑性特征这一点很容易被理解。究其根源，恢复力的形成基础是系统组分及其相互关系，如果组分及组分间的关系发生了改变，恢复力的形成基础就会发生改变，因而恢复力可能会体现出不同的量，也就是表现出可塑性。

恢复力的可塑性特征表明恢复力可能会被改变。实际上，矿山采矿扰动、土地复垦与生态修复工程的扰动及其他扰动都会改变系统组分及组分间关系的状态变量和参数变量。在这一过程中，恢复力也会随之改变，特别是在矿山土地复垦与生态修复工作中，大量的工程实践的目标是改变系统的状态变量（如植被覆盖度）或者改良系统的参数变量（如土壤有机质），实际上这些工程也是在对恢复力进行重新塑造，但如果缺乏对恢复力可塑性的了解，恢复力可能会无意中被减小或增大，此时系统面临未来扰动或冲击时保持其状态的能力就呈现出不确定性，有可能导致大量复垦投资失败，系统会出现再次退化的现象。因此恢复力具有可塑性特征，一方面启发人们认识到恢复力可以被调控，另一方面也启发人们意识到有必要在矿山土地复垦与生态修复工程中对恢复力进行有效调控。

从物质性到量性，再从量性到可塑性，本节讨论了矿山土地生态系统恢复力的三个基本特征。基于这三个特征，可能会演化出更多的特征，如恢复力变化性、尺度扰动性、空间性等。这些特征对矿山土地生态系统恢复力的研究同样具有价值。

4.4　小　　结

本章尝试界定和解析矿山土地生态系统恢复力的内涵和性质。本章首先通过构思模型界定了矿山土地生态系统恢复力的概念，剖析了恢复力的要义；然后研究了矿山土地生态系统恢复力的形成基础和过程，构建了一个简化的矿山土地生态系统动力学模型（VWS_model），依据理论分析和数学模型对恢复力形成的基础和过程进行了讨论；最后归纳了矿山土地生态系统恢复力的几个基本特征。可以得出以下结论。

（1）恢复力是矿山土地生态系统的基本属性，可以表述为，土地生态系统在面临采矿扰动或其他变化时保持其状态的能力。矿山土地生态系统恢复力这一概念概括了相关的认识和经验、综合表达了系统内在能力的本质、包含了可描述的实际对象。恢复力的主体是土地生态系统，客体是采矿扰动或其他变化。恢复力概念还具备尺度、状态等其他实质性要点。

（2）矿山土地生态系统的组分及组分间的关系是系统运行的基础，也是恢复力形成的基础。根据热力学定律和耗散结构理论，在热力学非平衡态下，系统总是产生物质、能量和信息流动，这表现出一种自组织演化过程。系统受到一定程度的扰动后，系统总是自发地向平衡态运动。因此，可以认为矿山土地生态系统恢复力的形成是，在面临扰动时，矿山土地生态系统通过自组织使得系统的平衡解和定性结构不发生改变的过程。

（3）VWS_model 表达了简化的矿山土地生态单元的基本组分及组分间的关系。这个模型具备模拟系统动力学行为的能力。在实例化的参数条件下，这个模型揭示出系统具有平衡解，平衡解具有一定的吸引性，还具有定性结构，且这个结构具有一定的稳定性。对系统的扰动可能会使得平衡解、定性结构及他们的稳定性发生变化。如果将简化模型推广到更为复杂的系统中，则系统的吸引域、参数空间是系统形成和体现其应对扰动保持其状态（包括结构、功能和反馈）能力（即恢复力）的关键。

（4）矿山土地生态系统恢复力具有物质性、量性、可塑性三个基本特征。其中物质性特征体现在恢复力不能脱离主体和客体、概念要义而独立存在。量性特征体现在恢复力的量是存在的，且量具有大小和变化性。可塑性体现在矿山土地生态系统恢复力的量是可以被改变的。矿山土地生态系统恢复力可能还存在可比性、空间性、尺度扰沌等其他特征。由于这三个基本特征的存在，在矿山土地复垦与生态修复工作中，有必要对矿山土地生态系统恢复力进行认识、测度和调控。

总之，矿山土地生态系统恢复力的实质是系统的一种动力学特性。矿山土地生态系统恢复力有别于其他概念，如恢复能力、恢复、复原、修复等。这个概念并不空洞，对于矿山土地生态系统的持续保存有重要的现实价值。

参 考 文 献

毕银丽，邹慧，彭超，等. 2014. 采煤沉陷对沙地土壤水分运移的影响. 煤炭学报，39（s2）：490-496.

盖拉德·泰休. 2011. 常微分方程与动力系统. 北京：机械工业出版社：1-232.

郭忠升，邵明安. 2004. 土壤水分植被承载力数学模型的初步研究. 水利学报，35（10）：95-99.

胡振琪，龙精华，王新静. 2014. 论煤矿区生态环境的自修复、自然修复和人工修复. 煤炭学报，39（8）：1751-1757.

赖慧玲. 2009. 名词的量性特征和"有+名词"结构. 苏州大学学报（哲学社会科学版），30（3）：113-115.

李全生，贺安民，曹志国. 2012. 神东矿区现代煤炭开采技术下地表生态自修复研究. 煤炭工程，1（12）：120-122.

王金满，郭凌俐，白中科，等. 2013. 黄土区露天煤矿排土场复垦后土壤与植被的演变规律. 农业工程学报，29（21）：223-232.

王菱，谢贤群，李运生，等. 2004. 中国北方地区 40 年来湿润指数和气候干湿带界线的变化. 地理研究，23（1）：45-54.

王双明，杜华栋，王生全. 2017. 神木北部采煤塌陷区土壤与植被损害过程及机理分析. 煤炭学报，42（1）：17-26.

王新静，胡振琪，胡青峰，等. 2015. 超大工作面开采土地损伤的演变与自修复特征. 煤炭学报，40（9）：2166-2172.

解宪丽，孙波，周慧珍，等. 2004. 中国土壤有机碳密度和储量的估算与空间分布分析. 土壤学报，41（1）：35-43.

杨永均，张绍良，侯湖平，等. 2015. 煤炭开采的生态效应及其地域分异. 中国土地科学，29（1）：55-62.

杨泽元，范立民，许登科，等. 2017. 陕北风沙滩地区采煤塌陷裂缝对包气带水分运移的影响：模型建立. 煤炭学报，42（1）：155-161.

叶瑶，全占军，肖能文，等. 2015. 采煤塌陷对地表植物群落特征的影响. 环境科学研究，28（5）：736-744.

曾晓东，王爱慧，赵钢，等. 2004. 草原生态动力学模式及其实际检验. 中国科学：C 辑，34（5）：481-486.

张黎明. 2017. 黄土高原矿区关键扰动的自然修复机理研究. 徐州：中国矿业大学硕士学位论文.

邹慧，毕银丽，朱郴韦，等. 2014. 采煤沉陷对沙地土壤水分分布的影响. 中国矿业大学学报，43（3）：496-501.

Beddington J R，Free C A，Lawton J H. 1976. Concepts of stability and resilience in predator-prey models. Journal of Animal Ecology，45（3）：791-816.

Beisner B E，Haydon D T，Cuddington K. 2003. Alternative stable states in ecology. Frontiers in Ecology & the Environment，1（7）：376-382.

Bodlák L，Křováková K，Nedbal V，et al. 2012. Assessment of landscape functionality changes as one aspect of reclamation quality—the case of Velká podkrušnohorská dump，Czech Republic. Ecological Engineering，43：19-25.

Clinton B D. 2003. Light，temperature，and soil moisture responses to elevation，evergreen understory，and small canopy gaps in the southern Appalachians. Forest Ecology and Management，186（1）：243-255.

Elmer M，Gerwin W，Schaaf W，et al. 2013. Dynamics of initial ecosystem development at the artificial catchment Chicken Creek，Lusatia，Germany. Environmental Earth Sciences，69（2）：491-505.

Erskine P D，Fletcher A T. 2013. Novel ecosystems created by coal mines in central Queensland's Bowen Basin. Ecological Processes，2（1）：1-12.

Hamanakaa A，Inouea N，Shimadaa H，et al. 2015. Design of self-sustainable land surface against soil erosion at rehabilitation areas in open-cut mines in tropical regions. International Journal of Mining Reclamation & Environment，29（4）：305-315.

Hou H，Zhang S，Ding Z，et al. 2015. Spatiotemporal dynamics of carbon storage in terrestrial ecosystem vegetation in the Xuzhou coal mining area，China. Environmental Earth Sciences，74（2）：1657-1669.

Jørgensen S E，Nielsen S N，Fath B D. 2015. Recent progress in systems ecology. Ecological Modelling，319（2）：112-118.

Lei S，Ren L，Bian Z. 2016. Time-space characterization of vegetation in a semiarid mining area using empirical orthogonal function decomposition of MODIS NDVI time series. Environmental Earth Sciences，75（6）：516.

Matos E S，Freese D，Böhm C，et al. 2012. Organic matter dynamics in reclaimed lignite mine soils under Robinia pseudoacacia L. plantations of different ages in Germany. Communications in Soil Science and Plant Analysis，43（5）：745-755.

McKenna P, Glenn V, Erskine P D, et al. 2017. Fire behaviour on engineered landforms stabilised with high biomass buffel grass. Ecological Engineering, 101: 237-246.

Ngugi M R, Neldner V J, Doley D, et al. 2015. Soil moisture dynamics and restoration of self - sustaining native vegetation ecosystem on an open-cut coal mine. Restoration Ecology, 23 (5): 615-624.

Shrestha R K, Lal R. 2007. Soil carbon and nitrogen in 28-year-old land uses in reclaimed coal mine soils of Ohio. Journal of Environmental Quality, 36 (6): 1775-1783.

Shrestha R K, Lal R. 2010. Carbon and nitrogen pools in reclaimed land under forest and pasture ecosystems in Ohio, USA. Geoderma, 157 (3): 196-205.

Walker B, Holling C S, Carpenter S R, et al. 2004. Resilience, adaptability and transformability in social-ecological systems. Ecology and Society, 9 (2): 3438-3447.

Walker B, Salt D. 2006. Resilience thinking: Sustaining ecosystems and people in a changing world. Washington: Island Press: 120-121.

Wang Z, Lechner A M, Baumgartl T. 2018. Mapping cumulative impacts of mining on sediment retention ecosystem service in an Australian mining region. International Journal of Sustainable Development & World Ecology, 25 (1): 65-80.

第5章 矿山土地生态系统恢复力的测度

在矿山土地生态系统的组分及其相互作用下，恢复力保证了系统面临扰动时仍然在一个空间内运行，但如果超出某个阈值，系统则会越过这个空间，发生状态的转移。矿山土地生态系统恢复力具有量性特征，且恢复力的量具有变化性。因此，有必要研究恢复力的测度方法，从而定量理解恢复力。

矿山土地生态系统具有复杂性，受到的扰动也很多、很复杂，难以对每一类系统、每一类扰动进行模型表达、数值分析及恢复力的量化，而且抽象的数学模型也难以应用到实践中。在矿山土地复垦与生态修复的实际工程中，人们更希望使用各类土地生态观测数据对系统恢复力进行测度，以便指导工程的规划、设计、实施和管理，这就要求恢复力的测度必须以其恢复力概念和性质为基础，且面向实际、具有可操作性。本章介绍矿山土地生态系统恢复力测度的内容、操作程序和具体方法。

5.1 矿山土地生态系统恢复力的测度框架

5.1.1 矿山土地生态系统恢复力测度的内容

一般而言，生态参数和状态一般可以找到一个有量纲的指标来量化，但恢复力具有特殊性，恢复力并非一个数值或者结果（Walker and Salt，2012）。恢复力测度是指通过量化方法来测度和认识恢复力这一系统属性的过程。

矿山扰动有多样性和复杂性，其中一些小型扰动可能仅仅影响矿山土地生态系统的某一个部分（某一个状态变量或参数变量），而一些大型扰动则可能会影响系统整体（所有状态或参数变量），这就给矿山土地生态系统恢复力的量化增大了难度。

对简化的矿山土地生态单元的动力学数值进行分析后，结果表明，若系统存在吸引域和参数空间，在面临扰动时，状态或参数变量在吸引域和参数空间内变动，系统最终的状态表现和定性结构不改变，这时恢复力体现出来。如果系统的状态变量或参数变量的变动范围大于容许范围，则系统的状态（功能、结构和反馈）不能保存。第4章对这个容许范围的可度量性进行了尝试性研究。在度量过程中，没有指明具体扰动，也没有指明扰动所造成的状态变量或参数变量的变动量，测量结果只说明了这个简化的矿山土地生态单元具有对某些扰动的恢复力，且这种恢复力可被量化。

小型扰动可能会扰动矿山土地生态系统某个部分，使某个状态变量或参数变量变动一定的范围。此时，需要测度矿山土地生态系统特定部分对这个特定扰动的恢复力，即矿山土地生态系统特定部分在面临这个特定扰动时保持其状态的能力。此时，恢复力被称为特定恢复力（Walker and Salt，2006）。

如果不知道扰动（特别是存在一些无法预知的扰动或扰动太过复杂而不能分解）会影响哪些状态变量和参数变量，或者想要知道系统面临所有扰动时保持其状态的能力，则需要测度矿山土地生态系统对所有扰动的恢复力，即矿山土地生态系统在面临所有扰动时保持其状态的能力。此时的恢复力被称为一般恢复力（Walker and Salt，2006）。特定恢复力和一般恢复力之间的关系如图 5.1 所示。

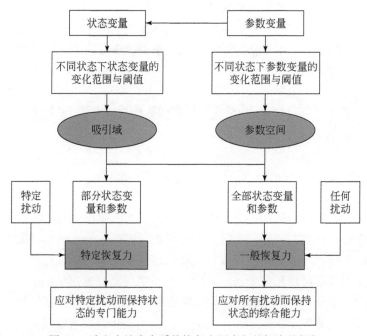

图 5.1　矿山土地生态系统恢复力测度相关概念的框架

因此，矿山土地生态系统恢复力的测度分为特定恢复力测度和一般恢复力测度两种。

将恢复力分为特定恢复力和一般恢复力这两个方面已经在其他研究领域（如一般社会生态系统）中取得了共识（Walker and Salt，2006）。相对于一般社会生态系统，矿山土地生态系统属于一般社会生态系统（特别是自然资源系统或陆地生态系统）的特例。当讨论矿山土地生态系统恢复力时，是将矿山土地当作社会生态系统的一个特定部分，将采矿及其他扰动作为一个特定扰动。但是容易产生一个质疑：矿山土地生态系统恢复力其实是一种"特定恢复力"，还有细分的必要吗？其实不然，矿山土地生态系统具有复杂性，其组分和受到的扰动具有多样性，如系统组分中的土壤、植被、地下水、农田系统等，可能受到局部的扰动，也可能受到整体的扰动，而扰动有自然引起的，也有人为引起的，因此对矿山土地生态系统恢复力进行测度时，必须对扰动和变量进一步特定化。因而将矿山土地生态系统恢复力的测度分为特定恢复力测度、一般恢复力测度两个方面是有必要的。

5.1.2 矿山土地生态系统恢复力测度的程序

用数学语言对矿山土地生态系统的结构和功能进行表述，再进行数值分析，得到系统的吸引域和参数空间的形态，则可以任意测量各个方面的恢复力，这无疑是恢复力测量的理想方法。通过对简化矿山土地生态单元进行数值模拟，对矿山土地生态系统恢复力的性质进行研究，已经认识到系统在受到扰动后的最终平衡状态实际上取决于吸引域的大小和形态。此外，决定吸引域的是系统的参数变量，参数的变化可能会使得系统的平衡点及其吸引域、参数空间发生变化。因而，从数学角度来测度恢复力，则可以将恢复力分为：①特定恢复力。针对具体扰动，确定吸引域和参数空间在某个特定状态变量和参数变量的临界值（如状态变量的临界初值和参数变量的分岔值），计算当前状态变量和参数变量与临界值的距离（容许范围）、计算在扰动下当前状态变量和参数变量的变动范围，以及容许范围扣除变动范围的剩余，剩余越大，特定恢复力越大。②一般恢复力。不针对具体扰动，直接测量吸引域和参数空间整体的大小，可以对他们进行多重积分，测量结果越大，一般恢复力越大。

然而，上述两个测算思路可以利用数值分析来实现，难度很大。因为高维非线性系统的动力学行为异常复杂，因此需要更简便的程序来测度特定恢复力和一般恢复力。以下分别考察特定恢复力和一般恢复力的工作程序。

1. 特定恢复力的测度程序

对于特定恢复力的测度，确定状态变量和参数变量的临界值是关键的一步，尽管难以通过数值分析的方法来获取它们，在现实中，矿山土地表现出各种各样的综合状态，状态之间有一些可以被观测到的临界值（又称阈值）。因而，参照对矿山土地生态系统恢复力概念和性质的研究结果，测度矿山土地生态特定恢复力的主要程序如下。

其一，识别当前的状态和潜在状态，确定这个状态的关键表达指示指标（即状态变量）和控制这个状态的参数变量，并根据经验、实验或观测，识别参数变量变动时状态变量发生突变的阈值。

其二，评估当前参数变量取值与阈值的距离（容许扰动范围），明确在特定扰动下参数的变动程度（扰动范围），计算容许范围扣除扰动范围的剩余，引入一个指数来表达这种剩余，指数越大，特定恢复力越大。

上述状态变量和参数变量是相对提法，在简化的矿山土地生态单元模型（VWS_model）中，将植被生物量 V、土地单元含水量 W、有机质含量 S 作为状态变量，是因为这三个量是人们关心的最直接的生态系统服务的指示变量，这三个量影响薪材提供量、水源涵养量、碳汇量等。决定它们的参数有年生物质增加量、各类饱和系数、降水量等。状态变量和参数变量是互换的，有时候状态变量自身也可能是决定自身的参数变量，如当前植被覆盖度可以对未来植被覆盖度产生控制作用。一个案例就是对福建省长汀县多年的森林恢复生态观测表明，早期的植被覆盖度小于 20% 的森林重建样方在 25 年后，植被覆盖度不增反降，因而 20% 的植被覆盖度成为一个阈值（Gao et al.，2011）。这时，初始年覆盖度就是参数变量，后续历年覆盖度就是状态变量。

2. 一般恢复力的测度程序

当系统需要应对所有的扰动时，则一般恢复力必须足够大。从数学角度来看，就是吸引域和参数空间足够大。但是，从数学角度量化一般恢复力难度很大。一个简单的办法是尽可能多地测度特定恢复力，即充分了解矿山土地生态系统应对多个扰动的能力，如应对裂缝、污染、气候变化、土地权属变化等。另外，可以依据系统恢复力形成的基本原理，采取间接方法对一般恢复力进行测度，程序包括以下内容。

其一，确定准则和替代指标。依据恢复力形成机理，归纳具备较强恢复力系统的特征，并遴选其指示指标。

其二，计算这些指标的综合数值，引入一个指数来衡量综合数值的相对意义。

综上，矿山土地生态系统恢复力测度需要将恢复力区分为特定恢复力测度和一般恢复力测度。与数值分析直接求解及测量吸引域和参数空间不同，上述工作程序实际上是间接认识吸引域和参数空间的过程。这种方法使得认识系统恢复力属性更具有可操作性。

5.2　矿山土地生态系统特定恢复力的测度

5.2.1　矿山土地生态系统状态与阈值的确定

1. 状态的确定

1）矿山土地生态系统的一般状态

目前我国已经有《土地利用现状分类（GB/T 21010—2017）》，这一分类描述了土地的一般状态，这些状态是自然和社会等因素的综合体现。这些土地状态包括耕地、园地、林地等12个一级类及水田、水浇地等73个二级类。其中采矿用地被分为工矿仓储用地，二级类编码为0602。其实在采矿用地内部，土地状态具有多样性，有塌陷地（积水和非积水）、排土场、露天采场等。目前，对矿山土地一般状态的认识已经比较充分。我国《土地复垦质量控制标准（TD/T 1036—2013）》对因生产建设活动损毁的土地进行了类型划分，按照扰动的类型分为挖损、塌陷、压占和其他四类，次一级类型包括露天采场（坑）、取土场、积水性塌陷地等。而复垦场地目前未见有明确的分类，但土地复垦的适宜性评价一般指出复垦的主要方向为耕地、林地、草地或保持原用途不变。一些地区还尝试复垦为公园绿地、水库水面等。

根据矿山土地生态系统及其恢复力的概念，需要对在采矿活动区及受其影响的有限时空范围内的矿山土地都给予关注。这样就必须关注从探矿到采矿，再到后采矿时期的土地状态。另外，在同一时期，矿山内部可能同时具有原地貌耕地、挖损的耕地、充填复垦的耕地这几个状态。因而考虑将矿山土地分为原地貌、损毁、恢复三种类型。为了增强实用价值，对于原地貌的类型，参照现行土地利用现状分类标准确定土地状态。对于已损毁的土地，参照土地复垦质量控制标准确定土地状态，对于已恢复的，仍然按照土地利用现状分类标准确定土地状态，但说明原损毁状态，见表5.1。

表 5.1 只是恢复力测度过程中状态确定程序的一个参考，没有全部列出《土地利用现状分类》（GB/T 21010—2017）中所有的土地类型，仅列出了采矿活动发生区的一些常见土地类型。对于每个土地状态，其土地生态系统服务表现各不相同。因而，各种状态下土地有自身的关键状态变量，这个变量使得某个土地状态与其他状态区别开来，也是土地利用者所看重的，如粮食生产量为耕地状态下最重要的状态变量。另外，决定关键状态变量的还有参数变量，如控制耕地粮食产

量的参数变量可能会有平整度、土层厚度、pH、地下水位、有机质、种植制度等。这些参数变量的变动可能会使得状态变量发生改变。表 5.1 中给出了状态变量和参数变量的一些例子。

表 5.1 矿山土地的一般状态

一级类型	二级类型	三级类型	关键状态变量	关键参数变量
原地貌	耕地	水田、水浇地、旱地	粮食生产量	平整度、有效土层厚度、pH、地下水位、有机质、种植制度等
	园地	果园、茶园、其他园地	果实、茶叶生产量	有效土层厚度、pH、地下水位、苗木密度等
	林地	有林地（落叶林、常绿林、混交林）、灌木林、其他林地	薪材提供量、氧气提供量、碳固定量	有效土层厚度、pH、地下水位、林木密度等
	草地	天然牧草地、人工牧草地、其他草地	草料提供量、氧气提供量、碳固定量	有效土层厚度、pH、含水量、有机质、草本密度等
	水域及水利设施用地	湖泊、河流、水库、坑塘等	淡水提供量	水的质量、岩土层渗透性
	其他	沼泽、沙地、裸地、盐碱地等	水分涵养量、固沙量、养分循环量	土壤盐分、地下水位、土壤有机质、植被覆盖率等
损毁	挖损土地	露天采场（坑）、取土场、其他	水土侵蚀量、积水量	松散层性质、植被种子库
	塌陷土地	积水性塌陷地、季节性积水塌陷地、非积水性塌陷地	水土侵蚀量、积水量	岩土层渗透性、排水率
	压占土地	排土场、废石场、矸石山、尾矿库、赤泥堆、建筑物或构筑物压占土地、其他	压占物堆放量	压占物性质、植被种子库
	污染土地及其他	单一污染物污染土地、复合污染土地、其他	污染物累积量	污染物消解率、生物活性
恢复	耕地	由损毁土地复垦形成的耕地	与原地貌对应土地状态的关键状态变量一致	与原地貌对应土地状态的关键参数变量一致
	林地	由损毁土地复垦形成的林地		
	草地	由损毁土地复垦形成的草地		
	水域及水利设施用地	由损毁土地改造形成的湖泊、坑塘、水库等		
	公共管理与公共服务用地	由损毁土地改造形成的公园绿地、风景名胜（矿山遗址）等		
	其他	由损毁土地改造形成的商服用地、工矿仓储、住宅用地、特殊用地、交通运输用地等		

2）基于比照的系统状态识别方法

当需要测度某块土地对某个特定扰动的特定恢复力时，则首先需要明确土地的状态。目前，关于状态的识别研究较丰富，主要体现在两个方面，其一是传统的景观（土地）分类的标准，这种分类是在考虑景观属性和各种特征的基础上进行抽象综合的结果（张景华等，2011）。其二是近年来兴起的遥感分类，这种分类基于多个光谱或者纹理等参数进行模式识别（杜培军等，2016）。关于矿区内的土地覆盖分类也已有不少研究，主要目的是利用矿区内单元的特征差异将这些单元更为精确地归并为多种类型。

在矿山土地生态系统恢复力测度过程中，系统状态识别实际上是依据感兴趣单元的状态变量来判断系统状态（如林地、沙地、水域等）。由于矿山单元属于有限生态地理背景下的扰动镶嵌斑块，因此，状态判定不仅要考虑矿区内单元的特征差异，还应该考虑有限生态地理背景下的各个状态的特征。因此，考虑一种基于比照的系统状态识别方法，采用土地生态系统服务指标作为状态变量。

引入最大似然法，设待识别状态的土地单元有 n 个状态变量，可以用向量表示为

$$X^{\mathrm{T}}=[x_1, x_2, \cdots, x_n] \tag{5.1}$$

又设有 k 类可参照的系统状态 C。对各类系统状态进行大量抽样，各类总体的概率密度分布符合多元正态分布，则待识别状态土地单元的特征向量 X 在第 k 类的概率分布密度为

$$F(X)=\frac{1}{\sqrt{(2\pi)^n |S_k|}}\exp\left[-\frac{1}{2}(X-\mu_k)^{\mathrm{T}} S_k^{-1}(X-\mu_k)\right] \tag{5.2}$$

式中，S_k 为第 k 类的 n 维状态变量之间的协方差矩阵；μ_k 为 n 维状态变量的均值向量。根据 Bayes 公式，在 X 出现的条件下，其归属第 k 类的归属概率为

$$P(C_i|X) = P(X|C_i) \times P(C_i)/P(X) \tag{5.3}$$

式中，$P(X|C_i)$ 为类别 C_i 中 X 出现的概率值，可依据式（5.2）求取；$P(C_i)$ 为类别 C_i 发生的概率，可根据有限地理范围内的实际统计结果来获取；$P(X)$ 为 X 出现的概率，公共项在比较时可以略去。在连续随机变量情况下，利用 Bayes 公式求取的 $P(X|C_i)$ 实际上表示在 X 的一个小领域范围内取值的可能性。$P(X|C_i)$ 越大，则 X 归属 C_i 类的概率也越大。

实现上述方法，需要如下几个步骤。

第一步，确定一个矿山土地生态系统的可参照的有限自然地理背景，在这个背景下寻找可参照的土地生态系统。

第二步，确定土地生态系统服务的状态变量指标，确定各类土地生态系统的

状态变量的多元分布函数。状态变量的选取可以考虑依据土地生态系统服务，如淡水提供量、森林生物量、碳固定量等。一般来说不同土地状态，如沙地、林地、草地，它们的土地生态系统服务量有较大区别。

第三步，将待识别土地生态单元的状态变量的值带入多元分布函数中，计算归属各类的概率，比较概率的相对大小。若属于某个状态类型的概率最大，可以认为待测度土地单元属于这个状态类型，而其他具有一定相对概念的类型则可能是这个土地的潜在状态。

2. 基于响应函数的阈值识别方法

阈值为生态系统多稳态之间的一个临界值，穿过这个临界值后，系统状态改变，给状态变量带来突然的较大改变。阈值识别主要有统计分析和模型模拟两种方法（唐海萍等，2015）。前者基于观测数据，更能体现实际情况。在统计方法中，一方面，可以统计某个变量或参数随时间的变化特性，考察统计指标，如条件异方差、自相关、偏度等，实现对变量突变值的识别（唐海萍等，2015）。这种方法适用于那些有内源扰动的系统，如水生生态系统。另一方面，可以考察变量对其他变量或者某个参数的响应情况，从而识别变量或者参数的阈值。

对于矿山土地生态系统，主要考虑采矿及其他外源扰动，因此，讨论变量和参数间的响应情况更有意义。但需要明确的是，阈值是关于系统的某一部分对某一个变量或参数变化的问题。通过单因素的梯度观测、控制实验等方法获取足够样本的数据，一般可以得到一个参数到另一个状态变量的响应曲线。

1）响应函数的确定

确定一个感兴趣的状态变量（X）及其参数变量（p），获取不同水平的 p 值下 X 的取值，拟合 p 和 X 之间的函数关系 $X=f(p)$。阈值的响应函数有连续渐变函数（线性或者非线性，无阈值效应）、阶跃变化函数、带时滞的状态变化函数、不可逆变化函数（Walker and Salt，2012），分别如图 5.2（a）～图 5.2（d）所示。

2）阈值的确定

确定阈值有如下几个步骤。

第一步，观察响应曲线的形式，确定可能存在的阈值效应形式；

第二步，对响应曲线进行函数拟合，对于非连续的曲线可以采用分段拟合，根据最优的拟合优度 R^2 选取最优拟合函数，整体拟合优度为

$$r^2 = \frac{\sum \left(\hat{X}_i - \bar{X}_i \right)^2}{\sum \left(X_i - \bar{X}_i \right)^2} \tag{5.4}$$

式中，X_i 为状态变量 X 的第 i 个观测值；$\hat{X}_i$ 为估计值；$\bar{X}_i$ 为平均值。r^2 选取值

越接近 1 越好。

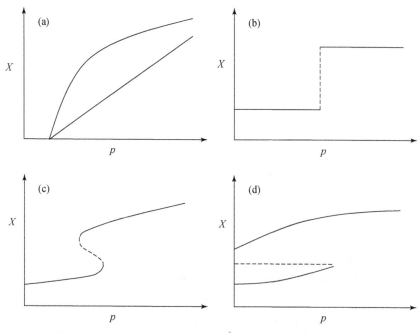

图 5.2　四种阈值效应［引自文献（Walker and Salt，2012）］

第三步，穿越阈值前后的状态变量发生了较大改变，则考察点 p_0 的左右极限：

$$\lim_{p \to p_0^-} f(p) = f(p_0^-)$$
$$\lim_{p \to p_0^+} f(p) = f(p_0^+)$$

（5.5）

若左右极限相等且有且只有一个，则 $X=f(p)$ 为连续函数，不存在参数变化导致状态变量发生较大突变的情况，如图 5.3（a）所示；若左右极限不相等，且在 $f(p)$ 在 p_0 的左（$p_0-\varepsilon$）、右（$p_0+\varepsilon$）邻域的多个重复观测值具有显著差异（一般取置信水平 $P=0.05$），可以视其为阈值点，如图 5.3（b）所示的状态变量阶跃变化情况；若左右极限相等且不止一个，则在当前 p_0 处存在可替代的状态，在 p_0 周边具备这一性质的 p 的取值的集合，可以视为阈值带，如图 5.3（c）、5.3（d）所示的虚线部分。

此外，除在数学意义上表现出阈值效应的情况，在土地生态管理和评价实践中，通常有人为设定的阈值。例如，《土地复垦方案编制实务》（2011 版）中指定当土地坡度大于 25°时，不适宜复垦为耕地，25°即人为设定的阈值。pH 小于 6.5

的土地二级标准土壤镉元素含量小于等于 0.30mg/kg，若越过这一人为设定的阈值，则土壤污染状态的等级就发生了变化。

5.2.2 矿山土地生态系统特定恢复力指标

根据生态系统的阈值效应，本节讨论特定恢复力的测度指标和方法，包括特定恢复力绝对指标（AISR）和特定恢复力相对指标（RISR）两个方面。

特定恢复力是系统的特定部分面对特定扰动时的恢复力。恢复力仍然指"土地生态系统在其面临采矿扰动及其他变化时，保持其原有状态或者可被接受状态的能力"。恢复力的量性特征表明，恢复力以状态变量和参数变量与状态改变的阈值的距离（状态变量和参数变量变动的容许范围）体现出来。例如，从第 4 章所建立的非线性动力系统的模拟结果来看，在无采矿扰动的情况下，P、α_V、β_S 存在分岔值。若采矿扰动清除植被和土壤，使得 α_V 降低到 0.07 以下，最终土地生态单元的平衡态生物量 V 为 0，W 和 S 有较小解；同样，当遭遇干旱，P 小于 15.93 时，最终土地生态单元的平衡态生物量 V 为 0，S 有较小解，W 无解。

通过识别状态和阈值，可以分析出潜在的状态转换及相关参数的触发阈值。当参数变量不止一个时，根据限制性因子定理，状态转换应该取决于与阈值距离最小的那个参数。

1. 特定恢复力绝对指标

若不考虑特定扰动对参数变量的影响，仅直接测量现状下某个参数的取值（p）到阈值（p_0）的距离 $D_{p \rightarrow p_0}$，可采用：

$$D_{p \rightarrow p_0} = |p - p_0| \tag{5.6}$$

对于不同参数，p_0 可能小于或者大于 p，因此取 p 与 p_0 的数值差的绝对值。这个距离表示系统参数具备一定的变动范围。

当一个特定扰动发生时，这个扰动会使得参数变量变动一定的范围，若期望系统的特定部分应对特定扰动的能力越强，则特定参数在扰动后的值必须离分岔值（阈值）越远。考虑扰动强度（intensity of disturbance，记符号为 I），其中，扰动是指地下水渗漏、塌陷、裂缝、灌溉等可能对参数 p 产生影响的特定扰动。

一定强度的扰动 I 会导致参数 p 发生变化，变化量记为 Δp，其与扰动强度 I 之间的关系为

$$\Delta p = \varphi(I) \tag{5.7}$$

式（5.7）的获取需要依赖于长期观测或者利用历史数据。通过统计多种扰动强度下参数 p 的最大变化量 Δp，可以拟合 I 和 Δp 之间的关系。

图 5.3 给出了五种可能的 I 与 p 的响应方式，分别为：①I 和 Δp 之间不敏感，不论扰动强度怎么变化，Δp 不变化，保持为 Δp^*；②扰动强度 I 增大，当 I 达到一定程度 I^* 时，Δp 立刻变为无穷大；③扰动强度 I 增大，Δp 呈线性变化；④和⑤扰动强度增大，Δp 呈非线性变化。在实际中，函数 $\varphi(I)$ 除单调递增或者单调递减变化外，也有可能是不单调的。

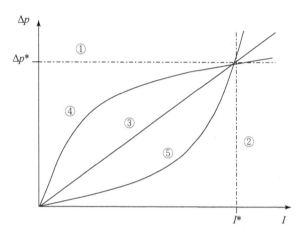

图 5.3 扰动强度 I 与参数 Δp 的函数关系

矿山土地生态系统的特定部分在应对特定扰动时，扰动强度和参数的响应函数不一样，则恢复力也不一样。需要考虑扰动强度 I 造成的变化量 Δp 的大小。考虑扰动强度 I，计算 AISR：

$$\text{AISR}=D_{p \to p_0}-|\Delta p|=|p-p_0|-|\Delta p|=|p-p_0|-|\varphi(I)| \tag{5.8}$$

AISR 的含义如下。

（1）当 AISR 小于等于 0 时，表明在土地生态系统特定部分施加强度为 I 的特定扰动时，特定部分的特定恢复力不足以使系统状态保持。

（2）当 AISR 大于 0 时，表明在土地生态系统特定部分施加强度为 I 的特定扰动时，系统具有足够的恢复力，即面临强度为 I 的特定扰动，特定部分能够保持其状态。

图 5.3 中的几种函数关系中，有以下特殊情况。

（1）当为情况①时，Δp^* 足够小，则 p 在面临不同程度的扰动时都不会移动到 p_0，表明系统对这种特定扰动（任何强度）都具有恢复力（或者说特定恢复力无穷大）。

（2）当为情况②时，扰动发生时，p 会快速移动到 p_0，从而发生阈值穿越，表明系统对这种特定扰动（任何强度）都不具有恢复力（或者说特定恢复力为 0）。

不同参数、不同扰动之间均有不同的函数关系，而在同一函数关系下，不同参数和扰动强度取值又对应不同的特定恢复力绝对指标，这使得特定恢复力绝对指标具有可比性质。当有多个参数控制系统状态时，根据生态学限制性因子定律，取特定恢复力绝对指标最小的那个参数作为衡量系统特定恢复力的指数。

深入分析特定恢复力绝对指标 AISR，有以下几个内涵。

当扰动强度 I 达到 I^* 时，参数 p 的变量 Δp 达到 $p-p_0$ 时，I^* 则是系统状态发生突变时所能承担的最大的扰动。因而，当 AISR 等于 0 时，可以表达出恢复力的另一种含义，即一个系统在达到阈值之前吸收或抵抗扰动的总量（Gunderson，2000）。

$D_{p \to p_0}$ 的含义是参数变量 p 的安全变动范围，如果推广到多个参数 p，则这个变动范围实际上形成了 4.2.2 节中提到的参数空间。而 AISR 的含义是参数变量 p 在系统受扰动后的剩余安全变动范围，因而，AISR 实际上是对参数空间一个部分的测量。

状态变量 X 与参数变量 p 之间有函数关系 $X=f(p)$，则 $X=f(\varphi(I))$，因而有表达式 $X-X^*=f(\varphi(I))-f(\varphi(I^*))$，这个量的含义是扰动强度 I 达到 I^*（系统承受的最大扰动强度）时，系统状态转变前的状态变动范围。这个范围并不是恢复力，而是恢复力的体现。在恢复力作用下，如果 AISR 越大，系统状态能够变动的范围就会越大。如果推广到多个状态变量 X，这个变动范围则形成了 4.2.2 节中提到的吸引域。因而，AISR 表达了对吸引域一个部分的一种测量。

2. 特定恢复力相对指标

通过比较不同地点不同配置系统的特定恢复力绝对指标，可以知道特定恢复力的相对大小。但若实际使用中无法判断函数距离达到何种程度，可以称土地生态系统具有相当的恢复力。本书引入特定恢复力相对指标用于评价某系统在某状态下的恢复力相对情况。

在土地生态系统的参照状态下，存在一个适宜该状态保存的参数值（p^*），这一参数值与扰动强度无关。将 p^* 作为特定恢复力相对评价的基准，RISR 计算公式为

$$\text{RISR} = |p-p_0| - |\varphi(I) - |p^*-p_0| + |\varphi(I)| = |p-p_0| - |p^*-p_0| \tag{5.9}$$

式中，RISR 为无量纲化的指数；p^*、p 同时小于或者大于 p_0。当 RISR 等于 0 时，表示评价对象与参照对象有相同的特定恢复力；当 RISR 大于 0 和小于 0 时，分

别表示评价对象具有比参考状态下更小或者更大的恢复力。

3. AISR 和 RISR 的使用讨论

1）AISR 和 RISR 的方向性

矿山土地生态系统恢复力的量有大有小。在高维动力系统中，可能存在多个吸引域，而每个吸引域都会体现出恢复力，只不过大小不同。这样，单从数值上说，恢复力的最小值为 0（无平衡点的情况），最大值为无穷大（平衡点为全局稳定平衡点的情况）。但对于特定恢复力绝对指标，其数值可以取正数或者负数，但表达的含义不再是恢复力抽象的概念，而是体现当前系统凭借自身恢复力是否能在特定扰动下保存状态。

在实际中，如果待评价的土地生态单元处于一种人们期望的状态时（如原地貌耕地、复垦后的耕地），人们期望这些土地单元的状态变量（粮食生产量）长期保存。但是，当待评价的土地生态单元处于一种人们不期望的状态时（如污染场地、积水塌陷地），这些土地生态单元的状态变量（污染物累积量、积水量）的长期保存是不被期待的。因而，这种土地生态单元面临扰动保持其状态的能力需要分为两种，即保存期望状态的能力、保存非期望状态的能力，即恢复力可以被区分为正恢复力和负恢复力。所以，根据人们的管理需要，AISR 和 RISR 指标会具有方向性。当长期保存的状态是人们期望的状态时，则 AISR 和 RISR 指标越大越好，当长期保存的状态是人们不期望的状态时，则 AISR 和 RISR 指标越小越好。

2）AISR 和 RISR 的实际意义

A. AISR 的实际意义

本书根据恢复力的形成机理，首先计算现状参数到阈值的距离，然后考虑特定扰动对参数的影响。特定测量 AISR 根据扰动后的参数范围的剩余。但特定恢复力仍然是一个抽象名词，指系统特定部分面临特定扰动时保存状态的能力，在矿山土地复垦和生态恢复工作中，对这个能力可以有多种理解方式，仍不利于特定恢复力概念价值的发挥。

AISR 克服了特定恢复力难以理解的问题。根据 AISR 的计算结果可知，当 AISR 大于 0 时，则系统面临某个强度的特定扰动时，系统状态不会改变且将持续保存；当 AISR 等于 0 时，则当前的扰动强度是系统所能承受的极限；当 AISR 小于 0 时，则系统面临某个强度的特定扰动时，系统状态不能持续保存。通过计算 AISR，让恢复力概念有了明显的指示意义。

一般来说，对于大部分的采矿扰动，土地生态系统的特定恢复力绝对指标是小于 0 的，即可以说，土地生态系统在面临大部分采矿扰动时不能保持其状态。这是因为采矿扰动大多是强烈的、深刻的，一个典型的例子就是，露天采矿直接清除林地上的地表岩土体，这种扰动强度远远超过了阈值；地形重塑时又直接覆盖表土，恢复为林地，使得露天采场（坑）参数变量直接越过阈值。AISR 因此显得没有实际用处。实际上，露天采矿区周边的非直接扰动土地、井工采矿时的地表土地、后采矿时期的迹地和恢复场地对于区域生态系统服务维持至关重要，因而 AISR 可以用于指示这些土地面临某种特定扰动时保持其状态的能力。当考虑这些土地时，AISR 就变得具有现实指导意义。

考虑土地生态单元的异质性，将单个土地生态单元的 AISR 测度拓展到多个土地生态单元，则可以了解在空间上，哪些土地可以完全抵御某个特定扰动，哪些土地较敏感，面临特定扰动时没有保持其状态的能力，这也是 AISR 的延伸意义之一。

B. RISR 的实际意义

AISR 的实际意义在于评价系统特定部分对特定扰动的抵抗情况，有利于认识系统抵御特定扰动的绝对能力的情况。RISR 的实际意义在于评价系统是否具有与土地生态系统原始状态或者可被接受状态相当的恢复力，对于采矿扰动前、土地复垦与生态恢复后的评价较为实用，如评价复垦的耕地的特定恢复力是否达到了周边参照耕地的平均水平。将 AISR 和 RISR 指标结合起来，可以更好地评价当前状态下特定部分对特定扰动的恢复力情况。

5.3　矿山土地生态系统一般恢复力的测度

矿山土地生态系统具有复杂性的特点。采矿扰动前的系统或生态恢复后的系统不仅面临采矿扰动和恢复工程的扰动，还面临其他扰动或变化，如干旱、野火、放牧等，这就要求具备一种综合能力来应对所有扰动。实际上，从恢复力性质来看，系统的所有状态变量的初始临界值和参数变量的分岔值围成吸引域和参数空间，当吸引域和参数空间较大时，系统就不易突破临界值（阈值）而进入其他状态。

直接测量吸引域和参数空间十分困难，需要识别所有状态变量及其临界值、参数变量及其分岔值，而且一些参数之间存在反馈现象，一般恢复力的测量实际上是解决复杂的高维空间的数学问题。在矿山土地生态保护和恢复的实际工作中，更需要一种方法对一般恢复力进行快速测量。实际上，如果扰动及对扰动的响应是明确的，则通过测量特定恢复力即可了解系统应对扰动的能力。对于扰动不明确、要求系统具有综合应对能力的情况，需要测量一般恢复力。

5.3.1 矿山土地生态系统一般恢复力指标体系

1. 一般恢复力测度准则

对于一般矿山土地生态系统，通过对简化的矿山土地生态单元进行动力学分析可知，如果其一般恢复力较强，则系统会有很大的安全运行空间，承受更多的各种各样的扰动（采矿扰动或其他变化），且在扰动后，可以很快地恢复到平衡点。对于一般社会-生态系统，尽管对一般恢复力理论机制的研究仍不充分，但对一般恢复力的作用和体现研究取得了较大的进展。恢复力联盟主席 Brian Walker（Walker and Salt，2012）通过总结很多恢复力的研究案例，发现较强的一般恢复力会具有三个方面的表现。

（1）让系统能在正确的地点，以正确的方式，更有效、更快地响应；

（2）让系统有所需资源的储备或者能获取到所需资源，使得安全运行空间能有效地增大；

（3）让系统保有可选择的余地。

另外，很多案例研究、工程实践认识到一些系统特征，如多样性、模块化等对于一般恢复力很重要。经过归纳，一般恢复力的属性体现在如下几个方面（Walker and Salt，2012）。

（1）多样性（diversity）。多样性有功能多样性和响应多样性两种形式。系统中有一些功能组，不同的功能组内有不同的生物物种，这些物种对不同的扰动有着不同的容忍能力，因此，响应多样性形成，从而使得系统具有对扰动的恢复力。

（2）生态变化性（ecological variability）。系统是自组织的，当系统面临扰动时，能够不断变化，实现自我调节，并形成对扰动的处理能力。因此，如果始终将系统维持在某个期待的水平，使其状态不变，则一般恢复力会受到损害。

（3）模块性（modularity）。系统中有很多组分，如果一个系统内部组分是紧密连接在一起的，则扰动发生后，其会在组分间快速传递而造成严重后果。因而需要组分或者亚组分能够紧密联系，但不连接在一起，从而使得系统面临扰动和变化时，能以多种方式来响应。

（4）确认慢变量（acknowledging slow variables）。慢变量即控制状态变量的参数变量，相对于状态变量，参数变量变化得更慢，但对系统的表现具有控制作用。

（5）紧凑反馈（tight feedbacks，反馈是一种继发效应：变量 A 的变动使得变量 B 变动，然后变量 B 的变动再使得变量 A 变动）。系统具中有很多的反馈机制，这些反馈机制使得系统保持在一个运行空间内。如果反馈的紧凑性较好,系统能更好地在扰动后恢复,但反馈不能过于紧凑。

(6)社会资本(social capital)。对于系统的社会组分,如果有较为信任、发达的社会网络、高效的领导力,则系统的一般恢复力较强。

(7)创新(innovation)。由于系统可能会应对未知扰动和变化,系统管理参与者要不断学习和实验,从而创新和发展应对扰动的方式,提高一般恢复力。

(8)交叠管理(overlap in governance)。系统需要具有管理结构富余的管理制度,包括附带他项权利的公私共同所有产权。

(9)生态系统服务(ecosystem service)。一个具备一般恢复力的系统应该具有开发计划或测度报告中所提及的重要生态系统服务。

另外,随着一般恢复力在不同学科领域的使用,近来公平性(fairness)、谦逊(humility)也被认为是一般恢复力的特征体现或者影响因素。从数量角度来看,以上特征的量并不是越大越好,也并没有一个最优的数值,考察案例系统的一般恢复力需要结合实际情况。另外,这些指标有一些交叉,因此,考虑案例系统的一般恢复力时需要对这些特征进行分析,然后测量一般恢复力。

本章的研究目标是开发一个合理的矿山土地生态系统一般恢复力测度方法,包括指标体系和指数。这些目前受到公认的一般恢复力的影响因素可以作为开发矿山土地生态系统一般恢复力指标的基础。矿山土地生态系统属于一般系统(特别是自然资源系统或陆地生态系统)的特定案例,而这个系统关于恢复力的焦点问题主要集中在中等尺度、生态维度(包括人对土地的管理和利用)。根据这一实际情况,可以排除上述一般恢复力因素中的一些针对社会、经济维度的指标,包括社会资本、创新、公平性、谦逊。另外,对于慢变量(控制变量,即状态变量的参数变量)已经是特定恢复力研究的一部分进行了讨论。因而,保留六个因素作为矿山土地生态系统具有较强一般恢复力的主要特征,包括多样性、生态变化性、模块性、紧密反馈、生态系统服务、交叠管理,其含义如表 5.2 所示。这里的准则只限于讨论矿山土地生态问题,拓展到生态经济、土地经济、社会保障等领域时,则有必要考虑社会、经济维度的准则。这些准则是紧密相关的,是不可或缺的。它们的共同作用使得矿山土地生态系统具有在扰动面前保持系统状态的能力。

2. 一般恢复力的指标体系

1)指标选取的原则

根据矿山土地生态系统一般恢复力的基本准则,选取合适的评价指标。指标选取重点把握如下几个原则。其一,指标与准则的相关性原则。指标必须符合矿

表 5.2　矿山土地生态系统具备较强一般恢复力的基本特征

特征	含义
多样性	系统功能组应具备响应多样性
生态变化性	系统不应该僵化，而应该能够变动
模块性	系统各组分应该有机地关联在一起
紧凑反馈	系统应该具有一定程度的反馈调节机制
生态系统服务	系统应该保有重要的生态系统服务
交叠管理	系统具有富余的管理制度

山土地生态系统一般恢复力的基本特征。对于每个特征，选用能够充分表达其含义的指标，若有多个指标，避免同时选取具有高度相关性的指标。其二，可操作原则。选取的指标应简单明了，可以利用能搜集到的数据对其进行量化，使得指标之间可以相互比较，便于数学计算和分析。其三，实用性原则。指标反映矿山的实际情况，使得指标定量评价结果可以指导矿山土地生态一般恢复力的改善。

2）指标选取的方法

生态恢复力评价、土地生态学、矿区生态环境评价已经发展出了较丰富的各类指标，矿山土地生态一般恢复力的指标选取采用文献综合分析法。主要从三个角度析出指标，其一是检索以"生态恢复力（ecological resilience）+评价/测度（assessment/evaluation/measurement）"为主题词的国内外文献，析出其中的常用指标；其二是检索以"矿山/区（mining area/mine）+土地+生态评价（ecological assessment/evaluation）"为主题词的国内外文献，从中找出描述一般恢复力各个特征的指标；其三是检索以"生态恢复（ecological restoration/recovery）/土地复垦（land rehabilitation/reclamation）+评价（assessment/evaluation）"为主题词的国内外文献，然后按照一般恢复力准则及其含义、指标选取原则，对指标进行遴选。

3）指标选取的结果

对于多样性，在矿山内部，采矿扰动使得土地状态同质性增强，异质性降低。矿山土地生态系统的多样性评价一般评价土地利用（有时称为景观）的多样性（卞正富，2001；Antwi et al.，2008）。选取土地利用多样性作为评价多样性的指标。指标测量可以基于空间统计和分析方法。对于生态变化性，矿山土地生态系统的表现（状态变量）一般会具有变动幅度（Lei et al.，2016；Eckert et al.，2015），因此选择关键状态变量的变幅作为生态变化性的指标，该指标的测量可以通过统计系统关键状态变量多时间点的多观测值的分布来实现（蔡运龙和李军，2003）。对于模块性，采矿及其他扰动直接扰动生物和非生物组分，可能会使得一些系统组分缺失或增加，因此，衡量组分的完整度有实际意义，另外，一般而言，如果组分间耦合协调度越好，则系统应对扰动的能力越强、恢复得越好（李小雁，2011；王双明等，2017）。因此，将组分完整度和组分间耦合协调度作为模块性的指标。对于紧凑反馈，主要针对矿山的常见扰动，如采矿、复垦，从组分反馈、污染物的消解速率、管理者的响应速率三个方面考虑。而组分间则主要考虑植被、土壤和水文三个要素间的反馈，分别以植被净初级生产力（Hou et al.，2015）、土壤水分循环（毕银丽等，2014；杨泽元等，2017）的更新速率、土壤养分（C/N）循环（苏敏，2010）来衡量，污染物的降解速率可能包括人为消解和自然降解，对这些指标的测量可以采用多时相观测、求取单位时间变化量的方式。对于生态系统服务，引入"生态系统服务的有效数（Renard et al.，2015）"来同时衡量生态系统服务的类型及各类服务的大小，这一指标的测量需要观测生态系统服务束。对于交叠管理，要从管理角度和管理主体来衡量，矿山土地生态系统实际上是个复合系统，良好的管理应该从多个角度（地质、环境、土地利用等角度）来完成，而且需要多个管理主体（矿山企业、政府、其他团体、个人）进行资本投入（刘向敏和岳永兵，2014；Lamb et al.，2015；蔡运龙和蒙吉军，1999），因此可以统计这些角度的数量、各投入资本的数量来衡量。

根据恢复力的含义和性质，表5.3中的一般恢复力的基本特征是紧密相关的，是不可或缺的。另外，一般恢复力及各个特征间应该具有这样的特点：其一，各个特征都具有一定程度的重要性，它们共同决定一般恢复力的大小；其二，各个特征紧密联系，它们之间具有一定的协调关系；其三，客观上存在一般恢复力强、弱的系统，因此一般恢复力具有可比性；其四，各个特性协调地增加，会增强恢复力，但恢复力是有极限的，这是因为一些特性的取值也是有极限的，而且一些特性值达到一定程度后，反而会损伤其他特性，从而降低恢复力；其五，任何系统状态都具有一定的一般恢复力。这些特性是一般恢复力综合评价的基础。

表5.3　矿山土地生态系统一般恢复力的指标体系

特征	指标	指标含义	指标测量方法
多样性	土地利用多样性	矿山内土地利用形态的多样性，体现变异性	对土地利用现状调查并进行统计，求多样性指数
生态变化性	关键状态变量的变幅	系统关键状态变量在一定时间范围内的变动幅度	对关键状态变量时序数据进行统计，计算95%置信范围的宽度
模块性	组分（要素）完整度；组分（要素）间耦合协调度	各个组分的数量占完整矿山土地生态系统组分数量的比例；组分间的关联和协调程度	调查枚举各个组分（要素），计算所占比例；对组分进行多次观测（时间或者空间观测），求组分数据组间的关联度

特征	指标	指标含义	指标测量方法
紧凑反馈	植被净初级生产力；土壤水分循环的更新速率；土壤养分（C/N）循环速率w；污染物降解速率；人对其他组分变化（扰动）的响应速率	组分（要素）反馈的紧密程度，包括植被、土壤水分、土壤养分的更新或循环，污染物消解的快慢程度，从组分变化（扰动）发生到管理者采取应对措施时间间隔的长短	对组分（要素）、污染物等进行多时相观测，求取单位时间的平均变化量；记录扰动发生、采取措施应对的时间节点，求取时间间隔长短
生态系统服务	生态系统服务的有效数	为得到 Gini-Simpson 指数所需的同等常见生态系统服务数	观测供给、调节、支持、文化生态系统服务束，并进行数学计算
交叠管理	管理角度的完整度；管理主体的丰富度	对矿山土地生态系统的不同管理角度的丰富程度；对矿山土地生态系统的不同管理主体的丰富程度	统计有关环境、地质、土地利用、社会、农村、水分等管理角度的数量，计算丰富度；统计各级政府、矿山企业、其他营利和非营利机构、个人等的资本投入，计算管理主体有效度

5.3.2 矿山土地生态系统一般恢复力相对指标

一般恢复力的综合测度首先是了解系统各个特征的状况，即通过测量各个指标，反映一般恢复力的各个特征的基本情况。这个过程不涉及比较一般恢复力的大小。

为了解一般恢复力的相对大小，需要对其进行相对综合评价。矿山土地生态系统处于一个有限生态地理背景下，属于一个扰动斑块，因此，可以将这个扰动斑块与周边斑块或者期望状态进行对比，从而得到一般恢复力的相对状况。周边可对比斑块应该满足以下条件：与待评价对象同属于一个土地复垦分区和土地生态系统状态；长时期保持可被接受或者处于矿山被扰动前的土地生态系统的状态。

实际上一般恢复力有一个理想情况，但难以获取。简单的方法就是与理想中的系统相比较。例如，通过观测可知多个系统多年来抵御扰动的能力较高，应对扰动的恢复速率较快，保持了多年的状态。观测多个这样的系统，取其平均水平作为一个参考基准。

1. 一般恢复力相对指标（RIGR）

1）可比基准

相对评价需要引入一个可对照的基准。根据上述一般恢复力的特征可知，一般恢复力具有极限，但具有"极限一般恢复力"的土地生态系统往往难以找到。更为实际的是，可以获取多个可参考的对象，然后求取各个特征的平均状态，减少比较基准的不确定性。

设有特征集合 $U = \{U_1, U_2, \cdots, U_q\}$，其中 q 等于 6，另有指标集合 $u = \{u_1, u_2, \cdots, u_n\}$，可参考的对象集合 $R = \{R_1, R_2, \cdots, R_m\}$，取 m 个可参考对象的各个指标的均值 $\bar{r} = \{\bar{r}_1, \bar{r}_2, \cdots, \bar{r}_n\}$，其中

$$\bar{r}_n = \sum_{i=1}^{m} r_{nm} \Big/ m \tag{5.10}$$

2）特性取值及无量纲化

对于某个待评价对象 E，对其指标取值 $r_E = \{r_{E1}, r_{E2}, \cdots, r_{En}\}$ 进行无量纲化处理，得到 $z_E = \{z_{E1}, z_{E2}, \cdots, z_{En}\}$，其中：

$$Z_{En} = r_{En} \big/ \bar{r}_n \tag{5.11}$$

同时，对可参考对象的均值 $\bar{r} = \{\bar{r}_1, \bar{r}_2, \cdots, \bar{r}_n\}$ 进行无量纲化处理，即用可参考对象的均值除以其本身，取各个指标的无量纲化参考值为 $\bar{z} = \{1, 1, \cdots, 1\}$（该集合元素个数为 n），各个特征的无量纲化参考值为 $\bar{Z} = \{1, 1, \cdots, 1\}$（该集合元素个数为 q）。另外，经过层次分析或专家估计，确定指标权重集合 $w = \{w_1, w_2, \cdots, w_n\}$，同个特征下的各个指标权重之和为 1，另有特征权重集合 $W = \{W_1, W_2, \cdots, W_q\}$，特征权重之和为 1，将评价对象的各个指标的无量纲化值加权归纳为 6 个特征，得到 $Z_E = \{Z_{E1}, Z_{E2}, \cdots, Z_{Eq}\}$，其中：

$$Z_{Eq} = \sum z_{En} w_n \tag{5.12}$$

图 5.4 给出了评价对象的各特征无量纲化取值与无量纲化参考对象平均水平的相对状态，各特征轴上离中心越远的点取值越大。各特征的重要程度由权重集合确定。参考基准为 $\bar{Z} = \{1, 1, \cdots, 1\}$（该集合元素个数为 q）。有三种典型情况，其一，各个特征都弱于参考基准，如图 5.4 中的曲线（1）与各个特征轴的交点取值均比参考基准小，表明此时系统在各个方面都没有达到参考对象平均水平，从而一般恢复力相对指标应当比参考对象平均水平的小；其二，图 5.4 中的曲线（3）上各个特征轴的交点取值均大于参考基准，表明系统在一般恢复力的各个方面都优于参考对象平均水平，此时一般恢复力应当比参考对象平均水平的大；其三，图 5.4 中的曲线（2）上部分特征的值优于参考对象平均水平，一般恢复力取决于各特征加权得分和特征间协调性水平。

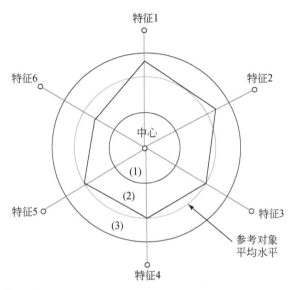

图5.4　一般恢复力各特征无量纲化取值与无量纲化参考对象平均水平的相对状态

3）特征间协调性

多个参考对象具有可被接受的一般恢复力水平，且经过平均化处理，观测不确定性会降低。在参考对象平均水平下一般恢复力较强，特征间协调性较好，因此设为待评对象可比照的协调关系。上文已经确定了参考对象平均水平的无量纲化取值为 $\overline{Z} = \{1, 1, \cdots, 1\}$（该集合元素个数为 q），以及测度对象 $Z_E = \{Z_{E1}, Z_{E2}, \cdots, Z_{Eq}\}$。取：

$$F = \sum_{i=1}^{q} \left| \frac{Z_{Eq}}{\sum\limits_{i=1}^{q} Z_{Eq}} - \frac{\overline{Z}_q}{\sum\limits_{i=1}^{q} \overline{Z}_q} \right| \qquad (5.13)$$

F 表示待评价对象 E 归一化后的单个特征无量纲值与参考对象平均水平归一化后的单个特征无量纲值的绝对离差。F 越小表示对象 E 的特征间的数量关系与参考对象平均水平越一致。

$$0 \leqslant F \leqslant 2(1 - 1/q) \qquad (5.14)$$

定义表示特征间协调程度的系数 η（孟生旺，1993）：

$$\eta = 1 - \frac{1}{2(1 - 1/q)} F \qquad (5.15)$$

4）RIGR 指标计算

记一般恢复力相对指标为 RIGR，根据一般恢复力的多特征综合决定、可比性特点，评价对象 E 的 RIGR 为多特征的加权综合值与协调性系数的乘积：

$$\text{RIGR}=\eta\sum_{i=1}^{q}Z_{Eq}W_{q} \tag{5.16}$$

RIGR 为无量纲化指数，为基于多特征和多参考比较的一般恢复力相对指标。根据一般恢复力的性质可知，任何系统都具有一定程度的一般恢复力，因此 RIGR 取值大于 0；一般恢复力有极限，因此 RIGR 有极大值 RIGR*。当 RIGR 等于 1 时，表示所评价的土地生态系统具有与多参考系统平均水平相等的一般恢复力。当 RIGR 在（0，1）和（1，RIGR*] 时，分别表示弱于或者强于多参考系统平均水平。

2. RIGR 指标的使用讨论

应用 RIGR 必须注意以下几个问题。

（1）RIGR 适宜现状相对评价要求评价对象和参考对象是客观存在的。不宜引入假设、模拟的对象，这是因为一般恢复力的形成机制及各个特征间关系较复杂，假设、模拟对象会使得评价结果有高度不确定性。

（2）在评价中，RIGR 会优于平均水平，但小于 RIGR*。实际工作中，RIGR* 难以确定。可以分别计算多个参考对象的 RIGR，并将其中的最大值作为 RIGR*，比较评价对象和 RIGR 最大的参考对象的多特征状况，综合分析一般恢复力的限制性因素。

（3）AISR、RISR 的测度针对矿山土地生态系统某个特定部分，如某个土地单元的某个组分（要素）。RIGR 的测度是针对矿山土地生态系统整体。相比之下，一般恢复力的讨论尺度要大一些。一般来说，适宜对整个矿山进行一般性恢复力评价，如果矿山内异质性太强、空间范围大，可以划分为数个小单元。在这种情况下，一般恢复力的作用是使得矿山土地生态系统整体面临扰动时不发生状态改变。此时，对于评价指标需要进一步细化和调整。

（4）单独测量一个评价对象的一般恢复力的各个特征，并不能反映一般恢复力的强弱好坏。这时，需要测量多个评价对象，评价对象可以是没有受到采矿扰动的参考区域。也可以将矿山土地生态系统的不同时期作为多个评价对象，用来考察矿山土地生态系统一般恢复力在时间上的变化情况。

（5）RIGR 的计算基于表 5.3 中矿山土地生态系统一般恢复力的指标。根据评价对象所处的自然地理条件、RIGR 使用者所关心的尺度，可能需要根据实际情况对这些指标进行微调。例如需要依据各地矿山的实际污染情况，选取合适的污染物来确定其降解速率。再如，仅仅评价一个排土场的一般恢复力时，需要考虑将多样性准则下的"土地利用多样性"，更换为其他合适的指标，如物种多样性。

这种微调不影响对一般性恢复力准则的选取，而且在指标微调后，以同一指标体系再评价多个参考状态的一般恢复力，最后开展比较，求解 RIGR，仍然不影响 RIGR 的含义和性质。

5.4 小　　结

本章主要研究了矿山土地生态系统恢复力的测度方法。首先分析了恢复力测度的基本内容和程序。然后分别研究了特定恢复力和一般恢复力的测度方法。最后开发了 AISR、RISR、RIGR，对他们的计算方法、含义、取值范围、潜在应用价值进行了讨论。可以得出以下结论。

（1）矿山土地生态系统恢复力的测度需要考虑特定恢复力和一般恢复力两个方面。矿山土地生态系统具有复杂性，难以通过数学方法来直接解算这两个方面的恢复力。矿山土地生态系统特定恢复力的测度，在特定扰动后可以转换为测度系统特定部分的特定变量与临界值的剩余距离。矿山土地生态系统一般恢复力的测度可以采用指标来综合测度一般恢复力各个基本特征的表现。间接测度方法可以使得对系统恢复力属性的认识更具有实际可操作性。

（2）特定变量的临界值（阈值）是特定恢复力测度的关键，可以通过状态评价、状态变量和参数变量函数关系分析来得到。考虑扰动对特定变量的影响，可以计算得到 AISR。这个指标使得特定恢复力更容易被理解，其数值大小直接指示系统特定部分能否应对某个特定扰动。RISR 则可以指示当前对象与周边参考对象特定恢复力的相对水平，有利于评价后采矿时期土地复垦的效果。

（3）矿山土地生态系统一般恢复力的特征主要包括多样性、生态变化性、模块性、紧凑反馈、生态系统服务、交叠管理。依据这些特征可以构建矿山土地生态系统一般恢复力测度的指标体系。测度一般恢复力的大小，除测量和综合评价各个指标以外，还需要从多时相、多空间参照对象来引入其他评价对象，从而实现一般恢复力的可比性。RIGR 可以表示所测度的矿山土地生态系统一般恢复力与参考对象平均水平之间的差异。

总之恢复力评估工作涉及状态和阈值识别、评价指标确定、恢复力指标计算等工作。通过对矿山土地生态系统恢复力的测度，可以量化恢复力，并提供有指示功能的指标，从而进一步明晰恢复力的概念其应用价值、指导实际的矿山土地复垦与生态修复工作。

参 考 文 献

毕银丽, 邹慧, 彭超, 等. 2014. 采煤沉陷对沙地土壤水分运移的影响. 煤炭学报, 39（s2）:

490-496.

卞正富. 2001. 矿区土地复垦界面要素的演替规律及其调控研究. 北京：高等教育出版社：136-141.

蔡运龙，李军. 2003. 土地利用可持续性的度量——一种显示过程的综合方法. 地理学报，58（2）：305-313.

蔡运龙，蒙吉军. 1999. 退化土地的生态重建：社会工程途径. 地理科学，19（3）：198-204.

杜培军，夏俊士，薛朝辉，等. 2016. 高光谱遥感影像分类研究进展. 遥感学报，20（2）：236-256.

李小雁. 2011. 干旱地区土壤-植被-水文耦合、响应与适应机制. 中国科学：地球科学，41（12）：1721-1730.

刘向敏，岳永兵. 2014. 工矿废弃地复垦利用机制优化分析与思考. 中国矿业，23（4）：62-64.

孟生旺. 1993. 多指标综合评价中指标间协调性的考虑. 统计与预测，（6）：30-31.

苏敏. 2010. 采煤塌陷区土壤养分循环及对生态环境的影响研究. 邯郸：河北工程大学硕士学位论文.

唐海萍，陈姣，薛海丽. 2015. 生态阈值：概念、方法与研究展望. 植物生态学报，39（9）：932-940.

王双明，杜华栋，王生全. 2017. 神木北部采煤塌陷区土壤与植被损害过程及机理分析. 煤炭学报，42（1）：17-26.

杨泽元，范立民，许登科，等. 2017. 陕北风沙滩地区采煤塌陷裂缝对包气带水分运移的影响：模型建立. 煤炭学报，42（1）：155-161.

张景华，封志明，姜鲁光. 2011. 土地利用/土地覆被分类系统研究进展. 资源科学，33（6）：1195-1203.

Antwi E K，Krawczynski R，Wiegleb G. 2008. Detecting the effect of disturbance on habitat diversity and land cover change in a post-mining area using GIS. Landscape & Urban Planning，87（1）：22-32.

Eckert S，Hüsler F，Liniger H，et al. 2015. Trend analysis of MODIS NDVI time series for detecting land degradation and regeneration in Mongolia. Journal of Arid Environments，113（2）：16-28.

Gao Y，Zhong B，Yue H，et al. 2011. A degradation threshold for irreversible loss of soil productivity: a long-term case study in China. Journal of Applied Ecology，48（5）：1145-1154.

Gunderson L H. 2000. Ecological resilience—in theory and application. Annual Review of Ecology & Systematics，31（31）：425-439.

Hou H，Zhang S，Ding Z，et al. 2015. Spatiotemporal dynamics of carbon storage in terrestrial ecosystem vegetation in the Xuzhou coal mining area，China. Environmental Earth Sciences，74（2）：1657-1669.

Lamb D，Erskine P D，Fletcher A. 2015. Widening gap between expectations and practice in Australian minesite rehabilitation. Ecological Management & Restoration，16（3）：186-195.

Lei S, Ren L, Bian Z. 2016. Time–space characterization of vegetation in a semiarid mining area using empirical orthogonal function decomposition of MODIS NDVI time series. Environmental Earth Sciences, 75 (6): 516.

Renard D, Rhemtulla J M, Bennett E M. 2015. Historical dynamics in ecosystem service bundles. Proceedings of the National Academy of Sciences of the United States of America, 112 (43): 13411-13416.

Walker B, Salt D. 2006. Resilience Thinking: Sustaining Ecosystems and People in A Changing World. Washington: Island Press: 120-121.

Walker B, Salt D. 2012. Resilience Practice: Building Capacity to Absorb Disturbance and Maintain Function. Washington: Island Press: 1-105.

第 6 章 矿山土地生态系统恢复力的调控

矿山土地生态系统恢复力是系统的一种动力学属性，是系统面临扰动时保存状态的能力体现，而且这种能力受到多种因素的影响，是可变化的。有的时候，人们希望矿山保持原有的状态，而有的时候，人们又希望矿山转型，进入一个全新的状态，这就涉及矿山土地生态系统恢复力的调控问题。如何调节和控制恢复力，使矿山土地生态系统应对扰动的能力达到人们的期望，是另外一个与矿山土地生态系统恢复力有关的基础问题。

本章阐述矿山土地生态系统恢复力的调控机理，但不是对调控的具体方法开展工程实验，也不是对某个矿山土地生态系统单元进行恢复力调控规划，而是基于矿山土地生态系统恢复力内涵、性质和测度的可能结果，结合多年来矿山土地复垦和生态修复领域积累的知识经验，对恢复力调控的原理和方法进行理论阐述。

6.1 矿山土地生态系统恢复力调控的内涵和作用

6.1.1 矿山土地生态系统恢复力调控的内涵

对矿山土地生态系统恢复力的形成机理和基本特征的研究表明，恢复力使得系统状态变量和参数变量在一个安全空间内（体现为吸引域和参数空间），如果超过了一定的限度，则系统移出原有吸引域，不再恢复到原有的平衡点，而且系统定性结构也可能会发生改变。在矿山土地生态系统的演变过程中，有几种管理者不期望的事件。

其一，系统对采矿扰动没有抵抗能力（如当原地貌林地的 AISR 为 0 时），系统表现突破突变点①进入较低水平。系统表现从原水平（$Pr_{1.1}$-Pr_1-$Pr_{1.2}$）降低到（$Pr_{5.1}$-Pr_5-$Pr_{5.2}$）。这种变化的后果是严重的，特别是生态脆弱矿区，生态退化往往难以逆转。这种事件在露天矿山较常见，在井工矿山可能会发生。

其二，当系统表现在 R_4～R_5 内变动，分别维持在（$Pr_{4.1}$-Pr_4-$Pr_{4.2}$）、（$Pr_{5.1}$-Pr_5-$Pr_{5.2}$）之间，当复垦干预时，系统抵御恢复干预（在本书中，这也被看作一种扰动）的能力过强（如当排土场的 AISR 大于 0 时），无法突破突变点②、③、④进入较高的系统表现。这种事件在矿山退化场地中经常出现，表现出土地复垦和生态修复难度大、不易成功的特点。

其三，对于土地复垦与生态恢复完成后的系统，系统抵御后采矿时期扰动的能力不足（如当复垦林地的 AISR 小于 0 时），系统表现为突破突变点⑤进入较低水平，不能继续维持在（$Pr_{2.1}$-Pr_2-$Pr_{2.2}$）、（$Pr_{3.1}$-Pr_3-$Pr_{3.2}$）之间，这种事件较常发生，如复垦后的耕地遭受生物入侵而产量降低、复垦林地退化、复垦耕地受污染不能再提供有效粮食产量等。

在这些情况下，有必要对矿山土地生态系统恢复力进行调节和控制。通过恢复力调控，可以避免这几个不期望的事情发生。恢复力调控具备现实意义，至少体现在以下三个方面。

（1）抵抗采矿扰动，将矿山土地生态系统维持在采矿前的状态。

大多数时候，采矿扰动十分强烈，土地生态系统对其不具有恢复力，如面临露天采矿扰动时，地表土壤和植被被彻底清除。但是在一些情况下，采矿前的状态可以保存，而且保存采矿前状态的意义十分明显。例如，对重要交通道路用地（铁路、高速公路）或在建筑物下方进行矿产资源充填开采，从而保证交通道路用地不超过变形准许值，道路用地依然能发挥交通运输作用，或者调整建筑物的建设方式，使得其承受更多的变形而不发生裂缝和垮塌，从而保证建筑用地的承载功能。

（2）修复已受扰系统，将矿山土地生态系统恢复到采矿前的状态或者可被接受状态。

尽管已受扰系统的土地生态系统表现较低，但其仍然具有对恢复工程扰动和变化（特别是生态恢复工程）的负恢复力。调控负恢复力使得已受扰系统能够恢复到一定的水平。例如，露天矿山的采掘场地水土流失严重，具有抵抗种子生根萌发的能力，通过覆盖表土，使得植被种子具有萌发条件，从而恢复采掘场地植被覆盖。

（3）维持已修复系统，将已被修复的矿山土地生态系统维持在一个可被接受状态。

已被修复的矿山场地一般交还给土地所有权人使用，或者由矿山企业继续经营。不论哪种方式，都需要发挥稳定、持续的土地生态功能。但已被修复的矿山土地生态系统仍然面临诸多扰动和变化，如气候变化、野火、放牧等。对已被修复的矿山土地生态系统恢复力进行调控，使得其长期维持在一个可被接受的状态。例如，复垦为草地用于放牧的矿山迹地，有必要考虑调控草地对于放牧扰动的恢复力，从而长期保持草地的生态系统服务功能。

因此，矿山土地生态系统恢复力调控可以看作管理者依据恢复力性质和特征，采取措施对恢复力进行调节和控制，使得矿山土地生态系统应对扰动的能力达到人们的期望。

6.1.2 矿山土地生态系统恢复力调控的作用

在当今生态环境保护、自然资源管理等工作中，恢复力可以充当一个桥梁作用（Curtin and Parker，2014）。这是因为恢复力是可持续的基础，而人类的生态环境保护和自然资源管理工作正是为了实现对感兴趣系统的可持续管理。人们在管理和调控感兴趣系统的时候，保持恢复力概念，掌握与恢复力有关的阈值、状态、运行空间等信息，这对于制定明智的决策、措施、行动具有核心作用。而这些决策、措施和行动则使得感兴趣系统持续保存，持续提供生态功能。这个桥梁作用则需要将多学科知识整合起来，包括复合系统的演变与响应、结构与功能、扰动等方面的知识。

在矿山领域，对系统的可持续追求则尤为明显。主要原因在于，其一，采矿活动扰动土地生态系统，矿山土地生态的可持续性关系到采矿区的农业生产、生物多样性保护、自然景观保存；其二，矿山土地复垦与生态修复体现了矿山企业的社会责任意识，同时是法律规定的强制性工作。矿山土地生态可持续甚至关系到矿山企业及相关单位的可持续发展问题，这就要求矿山土地生态系统必须具有较强的恢复力、是可持续的；其三，土地复垦和生态修复后的土地生态可持续关系到未来土地生态收益和环境成本风险。

在这些背景下，矿山土地生态系统恢复力调控成为矿山土地复垦与生态修复工作中的必要环节。具体来说，其在以下几个方面中具有重要的作用。

1）采矿土地生态影响的预控

环境影响评价是生产建设项目的必要程序。我国现行的与矿山土地生态系统相关的规范，如《环境影响评价技术导则 生态影响（HJ 19—2011）》、《矿山地质环境监测技术规程（DZ/T 0287—2015）》、《矿山土地复垦基础信息调查规程（TD/T 1049—2016）》、《土地复垦方案编制规程（TD/T 1031—2011）》规定了对采矿生态影响的预测和预控工作，但尚未有对恢复力及其调控的直接表述。采矿造成的扰动，如沙漠化、石漠化、盐渍化、沉陷积水、环境污染，这些扰动能显著改变土地生态功能。针对这些扰动，有必要依据采矿前的特定恢复力测度结果对恢复力进行调控，提高系统状态保持的能力，从而避免土地生态功能的显著改变。

2）土地复垦与生态修复设计

近几十年，矿山土地复垦与动态修复的工程设计取得了长足发展。大量的生态恢复工程措施被开发出来。这从我国发布的规程可以体现出来，如我国已经颁布了《矿山生态环境保护与恢复治理技术规范（试行）（HJ 651—2013）》。有些工程措施暗含了提高系统正恢复力的目的，如在复垦地区修建农田防护林和灌排设施，实际上有利于提高矿山土地生态系统对风灾、干旱、洪涝的恢复力。这里显现出一个问题，就是究竟需要投入多少工程措施或者怎么投入工程措施（如自然恢复或人工修复两种修复方式），才能达到可持续的目标，才能将生态功能保持在一个期望状态。解决这个问题就需要根据恢复力及其调控机理，对土地复垦与生态修复的工程参数进行选择或优化。

3）土地复垦与生态修复评价

不论何种恢复模式和方法，土地复垦与生态修复总会产生一个结果。这个结果的成功性一般需要被监测和评价，从而确认复垦责任人是否履行任务。目前，较为通用的方法是利用可被测量的指标进行评价，如我国的《土地复垦质量控制标准（TD/T 1036—2013）》、澳大利亚的"*Rehabilitation Requirements for Mining Resource Activities*"（2008）都规定了一些具体评价指标。实际上恢复力是否被有效地调控可以作为一个重要的评价准则，这是因为只有完成对恢复力的有效调控，系统可持续能力才会得到保障，才能真正实现矿山土地生态可持续的管理目标。

4）后采矿时期土地生态管理

采矿活动对于长期土地利用历史来说是短暂的，采矿扰动的土地最终仍会以某种方式来利用。在利用过程中，则面临一些常见或未知的生态扰动，如气候变化等。经过采矿扰动和生态恢复的土地的性质与自然土地有明显差异，如人工重塑的土层与自然形成的土层在持水透水能力、营养条件等方面必然不同，这使得后采矿时期土地生态管理尤为重要，这就需要对恢复力持续调控，从而保证后采矿时期土地生态功能的长期可持续性。

图6.1说明了恢复力调控在矿山土地生态可持续管理工作中的作用。可以看

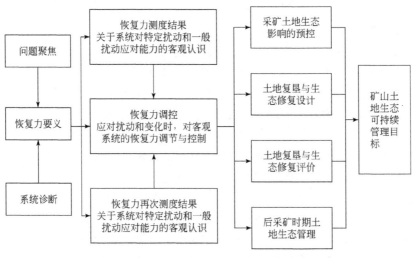

图6.1 恢复力调控在矿山土地生态工作中的作用

出，矿山土地生态系统恢复力调控是对矿山土地生态系统恢复力进行利用、管理和控制的过程，是实现维持矿山土地生态系统可持续目标的关键环节。矿山土地生态系统恢复力要义和测度结果是恢复力调控的基础。总体来看，恢复力调控是使恢复力从理论性概念转化为可操作性方法的重要一步，也是支撑矿山土地生态系统可持续管理工作和目标实现的关键。

6.2 矿山土地生态系统恢复力调控的原理

6.2.1 矿山土地生态系统恢复力调控的路径

本书讨论的是实现矿山土地生态系统恢复力调节和控制的基本原理，包括实现恢复力调控的路径和措施。本节首先从恢复力视角来分析矿山土地生态系统的演变过程。然后归纳矿山土地生态系统恢复力调控的基本路径。

1. 恢复力视角下矿山土地生态系统的演变过程

本节基于球盆模型来隐喻矿山土地生态系统及其恢复力的演变过程。根据矿山土地生态系统及其恢复力性质，归纳出以下理论认识。

（1）矿山土地生态系统有系统表现，这种表现有高低之分，表现的变动范围体现为系统的状态。

（2）矿山土地生态系统有时间阶段，完整的时间阶段大致可以划分为采矿扰动前、受损退化期、恢复期、后采矿时期。

（3）参数变量决定着矿山土地生态系统状态及其表现（状态变量）。根据时间阶段的不同，这些参数变量的条件一般被视为原始的（扰动前或者未扰动参照区的水平）、损伤的、重建或恢复的（重建是指人工干预改变了参数的性质，如土壤类型；恢复是指参数性质不改变，性能有所提高，如土壤含水量提高）。

（4）不同阶段的矿山土地生态系统在某个吸引域内动态运行，这个吸引域有大小之分，且吸引域可能会发生改变。

（5）恢复力大小体现在吸引域和参数空间的形态（体积、宽度等）方面。

根据这些基本认识，以系统表现、时间和参数条件建立平面坐标，以球和盆分别表达系统状态和吸引域，建立如图 6.2 所示的概念模型。其中吸引域考虑了两个尺度，第一个尺度是对各个阶段的矿山土地生态系统或者矿山内一个较小土地生态单元分别进行考察，这一尺度存在多个吸引域；第二个尺度是将各个阶段视为一个整体，因而这个尺度只存在一个吸引域。需要强调的是，研究恢复力的尺度有很多，如当关心单株植物对采矿扰动的恢复力时，应当考虑更小尺度的吸引域问题。本书所关心的焦点尺度是土地单元和它们组成的矿山整体。

在图 6.2 中，各个阶段不同的球盆组合体现了系统状态及其恢复力的情况。采矿扰动可能会使系统状态突破原吸引域（T1-1）而转移到受损退化的吸引域（T1-2），此时系统表现的水平较低。经过生态修复，矿山土地生态系统可能会转移到系统表现较好的吸引域（T1-3 或 T1-4）。系统土地生态参数条件不断发生变化，各个吸引域的形态（恢复力）也会有所不同。图 6.2 中的吸引域只是一种隐喻，目前尚没有定量数据可以统一说明矿山土地生态系统在扰动或恢复前后吸引域的大小、宽度、深度。但可以确定的是，这些吸引域客观存在且不同质。

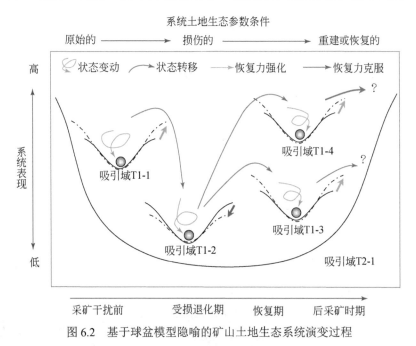

图 6.2　基于球盆模型隐喻的矿山土地生态系统演变过程

当小球进入单个吸引域内中，系统状态变动直至稳定在某个平衡态附近，如在采矿排土场上建设的森林从初级阶段演替到顶级森林群落，森林生物蓄积量由小变大，再稳定在某个平衡态附近。这种性质被描述为适应性循环（adaptive cycle）（Folke，2006）。图 6.3 给出了单个吸引域内矿山土地生态系统的适应性循环。这一循环有四个阶段，分别是重组（α）、开发（γ）、保护（K）、释放（Ω）。一个循环是一般系统具备的发展周期。系统受到扰动（可能来自各个尺度，如全球气候变化、焦点尺度采矿沉陷、小尺度的植株个体病变退化）后可能会从保护或其他阶段进入释放阶段，然后可能在各个尺度的作用下（如区域尺度的社会资本引入、焦点尺度的植被重植、小尺度的植株个体变异）完成系统重组，进入新的状态（新吸引域）或原状态（原吸引域）的开发阶段（Chaffin and Gunderson，2016）。有研究表明（Holling，2001；Walker et al.，2002），在适应性循环过程中，系统恢复力也是变化的，各阶段恢复力大小顺序为重组阶段>开发阶段>保护阶段>释放阶段，这说明图6.2中的单个吸引域形态也是随时间变化的。

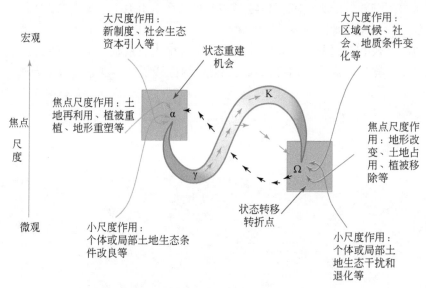

图6.3　单个吸引域内矿山土地生态系统的适应性循环

2. 恢复力调控的基本路径

由于矿山土地生态系统演变具有复杂性，恢复力调控不是要单纯地提高或者改善恢复力。在恢复力构思和恢复力调控含义分析过程中，本书归纳了人们对矿山土地生态管理的几种期望和不期望事件。如果仍以图6.2来说明，为实现人们的期望，避免不期望事件的发生，需要将吸引域T1-1、T1-3、T1-4变大，以及将吸引域T1-2变小。因而，实现恢复力调控的基本路径是恢复力强化或恢复力克服。

1）恢复力强化

恢复力强化是指通过调控措施使矿山土地生态系统正恢复力得到提高。其关键作用是强化系统状态保持的能力，使系统在面临采矿或其他变化时，状态不易发生改变，即提高AISR、RISR、RIGR。应用场景之一是避免原始土地生态系统退化到受损土地生态系统状态。如图6.2所示，通过扩大吸引域T1-1或者使小球远离吸引域边缘，降低或消除小球转移到吸引域T1-2的可能性。例如，通过保水采煤措施，避免维持植被生长的地下水疏漏，从而保持地表原始植被结构和功能不发生变化。应用场景之二是避免重建土地生态系统退化到受损或其他土地生态系统状态，如图 6.2 所示，通过扩大吸引域 T1-3 或 T1-4 或者使小球远离吸引域边缘，降低或消除小球脱离吸引域 T1-3 或 T1-4 的可能性。例如，通过在充填复垦场地建立土壤污染隔离层，避免土壤充填物的污染物运移到表层土壤，从而保证土壤和作物不发生污染，保持清洁、健康食物的生产能力。

2）恢复力克服

恢复力克服是通过调控措施使矿山土地生态系统负恢复力降低。其关键作用是弱化受损系统状态保持的能力，使系统面临生态干预或其他变化时，状态能够发生改变，即降低 AISR、RISR、RIGR。主要作用场景是促使受损土地生态系统恢复到原始土地生态系统或重建土地生态系统状态。如图 6.2 所示，通过缩小吸引域 T1-2 或者使小球靠近或突破吸引域边缘，促使小球可以转移到吸引域 T1-3 或 T1-4。例如，通过在露天采掘场地对压实的土壤进行松土翻耕，使得种子有萌发、生根的物理条件，从而促使采掘场地突破种子萌发的土壤物理阈值，从裸地状态转变为有植被覆盖的状态；通过在沉陷积水场地挖沟排水，使得地表积水减少，土壤含水量降低，从而促使沉陷积水区突破农作物生长的土壤含水量阈值，从水域状态转变为耕地状态。

6.2.2　矿山土地生态系统恢复力调控的措施

根据应对扰动的不同，矿山土地生态系统恢复力可以分为特定恢复力和一般恢复力。恢复力调控可以细分为特定恢复力的强化与克服、一般恢复力的强化与克服。本节讨论实现恢复力强化与克服的具体措施。

1. 特定恢复力的强化与克服

1）基本前提

特定恢复力的强化与克服的前提是，状态变量、参数变量和具体扰动都已经明确，且他们之间的关系也可以被确定。设定这一前提的原因是，系统具有复杂性，而且是高度关联和自组织的，特定恢复力的强化与克服必须专注系统的某个部分或某个方面。一旦状态、参数、具体扰动被指定，特定恢复力强化和克服的作用（讨论）范围就被指定。

例如，在干旱半干旱地区，植被覆盖度是保持区域土地生态系统服务功能的关键，地下水位是影响植被覆盖度的重要因子。考察植被覆盖度对采矿扰动（地下水疏漏）的特定恢复力，取状态变量为植被覆盖度、取地下水位为参数变量、取采矿扰动（地下水疏漏）为具体扰动。植被覆盖度对地下水位的依赖关系、地下水疏漏对地下水位的影响关系都可以用数学函数来表达。此时，特定恢复力强化和克服的讨论范围则限定为对"植被覆盖度-地下水位-采矿扰动（地下水疏漏）"三者及它们之间关系的分析和调控，特定恢复力调控的目标则被限定为保存植被覆盖度。

实际上，矿山土地生态系统尺度和组分是关联的，上例中的地下水位也可以作为一个状态变量，影响地下水位的关键参数变量可能是降雨补给量，具体扰动可能是干旱扰动（使降雨减少）。此时，特定恢复力强化和克服的讨论范围则被限定为对地下水位-降雨补给量-干旱扰动（使降水量减少）三者及它们之间关系的分析和调控，特定恢复力调控的目标则被限定为保存地下水位，此时植被类型这一状态变量没有被纳入考虑。

由此可见，特定恢复力的强化与克服具有针对性和局限性，即特定恢复力的强化与克服只针对系统的关键问题和关键部分，这有利于确保恢复力调控的可执行性和针对性，但不利于通盘考虑矿山土地生态系统的整体保存。

2）机理分析

AISR 可以表达为扰动（强度为 I）后特定参数与阈值的剩余距离，根据式（5.7）和式（5.8），特定恢复力绝对指标为因变量，影响因变量大小的自变量有特定参数变量（p）的大小、状态变量突变的特定参数阈值（p_0）、扰动对特定参数的映射（φ）、扰动强度（I）。如果扰动强度 I 已经是定值，则影响 AISR 的有 p、p_0、φ。

这些因素不包括状态变量 X，这是因为 X 分别是 p 在映射 f 中的象，这正好说明了调整状态变量 X 不会对当前讨论的 AISR 造成影响。例如，在干旱半干旱地区种植大量植被提高植被覆盖度，这一行动并不能改变植被覆盖度对地下水的依赖；控制采矿扰动的地下水疏漏程度，这一行动不能改变地下水疏漏对地下水位的影响。在这两种行动下，特定恢复力——植被覆盖度对采矿扰动（地下水疏漏）的特定恢复力——不发生改变，即这种行动只改变了外在表现，没有改变内在能力。当相同扰动再次发生时，地下水位下降，植被覆盖度的响应仍然基于原有的依赖关系。

但不可否认的是，大幅提高植被覆盖度、控制地下水疏漏程度，却能快速提高矿山土地生态系统的状态表现，缩短恢复演替时间，而且可能对其他特定恢复力产生积极作用。例如，植被覆盖度提高能阻挡土壤的风力侵蚀，从而提高矿山土地生态系统土壤子系统对风蚀扰动的特定恢复力。

因而，特定恢复力的强化与克服主要对这些因素进行调整，总体目标是采矿扰动/恢复干预后参数值与阈值的函数距离更大/更小，即扰动后参数远离/接近阈值，包括调控 p、φ、p_0 三种途径。

3）措施分析

A. p 的调控

表 6.1 根据一些已有的文献列举了一些已知的特定参数调控的办法。已知煤层上方覆岩在应力变化下，岩石渗透率有突跳现象（张勇和庞义辉，2010），造成上方地下水大量突出。采用水泥注浆加固，可以减小渗透率这一参数（许延春和李见波，2014）。水文组分中，潜水位对于植被生长具有阈值效应，对这一参数的调控可以通过补排水来实现（肖生春等，2017）。地形要素中，对于坡度，用外力直接降坡、平整。对于土壤组分、土壤质地，一些土壤透气透水性好，利于植被生长，但一些土壤含砾石成分高（如露天采矿岩土混排的弃土）、属于障碍层（如钙积层、碱化层），植被难以生长，改变土壤质地最直接的办法是剥离并替换适宜的土壤。土壤有机质对团聚体的稳定性存在阈值（Boix-Fayos et al.，2001），增加这一参数最直接的方式是使用农家肥。土壤 pH 较高或较低，植被都无法生长，利用干净水或掺入化学物质实现对土壤 pH 的调节，使之远离阈值。生物组分中，一个存在显著阈值效应的组分就是植被覆盖度，植被覆盖度过低，可能会导致风沙侵蚀，苗木移栽是最直接的方式。人文组分中，土地权属有时是限制土地复垦的重要因素，如井工采矿时，地表土地所有权和使用权归村集体，采矿沉陷后，村集体无力组织大规模复垦。对于土地权属这个参数调整，最直接的办法就是进行土地权属的变更。

表 6.1　特定参数的调控措施示例

组分	参数	调控措施
岩石	渗透率	向岩石中注浆/使用膨化材料，降低/提高渗透率
水文	潜水位	降低潜水位时开挖排水沟，升高潜水位时引入外源水补给
地形	坡度	利用工程机械或人力进行降坡/升坡
土壤	土壤质地	剥离源土壤（土层），替换为质地适宜的土壤
	土壤有机质	施用农家肥提高有机质，灼烧土壤，降低有机质
	土壤 pH	使用硫酸亚铁、硫酸铝的稀释溶液降低 pH，使用碱石灰提高 pH
生物	植被覆盖度	提高覆盖度时苗木移栽、补植，降低植被覆盖度时砍伐、修剪
人文	土地权属	土地权属变更，如对村集体进行补偿，对塌陷土地进行征收后统一复垦

表 6.1 中不包括矿山土地生态系统的所有参数，只是对一些常见的参数调控措施进行了举例。由实践经验可以看出，采用不同的调控措施可以使得参数发生数值或者性质上的改变。若通过调控参数使得其远离或接近阈值，可以使得矿山土地生态系统特定部分在受到同种特定扰动时，正恢复力增强或者负恢复力减弱。

但是依赖于人工措施实现单个参数的快速改变是需要成本的，在多数时候，可利用参数与参数间的关系来间接实现参数的改变，如植被自然凋亡使得土壤有机质的来源增加。

B. φ（扰动与受扰参数之间的关系）的调控

当需要对特定恢复力进行强化时，需要使此函数关系变得不敏感，可以增加一定的缓冲，使得 I_0 增加，即扰动大到某一程度时，p 才变为 p_0，因而增强了一定的特定恢复力。例如，土地状态为交通运输用地时，修筑道路时预留一定的变形缝，使得一定程度的扰动发生后，道路不超过形变阈值，仍可使用。相比于不预留变形缝，交通运输用地的特定恢复力增强。

更为彻底的调控措施是，可以采取将参数与扰动隔绝的方式，即当 I 取任意值的时候，p 保持不变，因而特定恢复力被增大到无穷大。例如，在高潜水位矿区，土地状态为耕地，开挖足够的排水沟，使得其沉陷后，潜水依然能够被排走，从而使得耕地对沉陷积水具有无穷大的特定恢复力。再如，充分利用隔水关键层（缪协兴等，2008），将潜水和地下采矿区隔开，采空区上覆岩层沉陷后，潜水不受到影响，从而使得潜水对采空区沉陷具有无穷大的特定恢复力。

以一个污染控制工程为例，为应对稀土冶选过程中硫酸盐排放这一扰动，中国科学院南京土壤研究所等单位在包头建立了一个渗透反应墙 PRB（permeable reactive barrier），如图 6.4 所示。在反应墙内充填活性材料，如沸石、活性炭等，使得废水中的污染物被物理吸附。这一反应墙的建立使得尾矿库周边的水中的硫酸盐保持在《地下水质量标准》（GB/T 14848—2017）Ⅲ类（陈梦舫，2016）。因而，周边土地单元水文组分对污染的特定恢复力得到了极大提高。

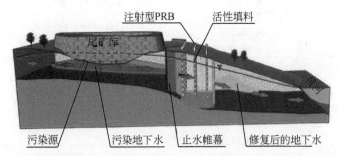

图 6.4 将隔离墙作为调控措施强化未损毁土地对污染的特定恢复力

当需要克服特定恢复力时，需要将函数关系 φ 变得敏感，核心措施是将生态恢复的工程措施变得更加有效。使得 I_0 减少，即扰动（干预）达到较低的程度时，p 就变为 p_0，因而降低一定程度的特定恢复力。例如，露天采矿的裸地在面临植被恢复干预时具有保持其裸地状态的能力（特定恢复力），而《土地复垦质量控制标准》（TD/T 1036—2013）规定复垦后有林地的郁闭度在复垦后 3～5 年高于 0.3。为了克服特定恢复力，需要将植被恢复工程（如幼苗栽种）变得更有效率，从而调控幼苗栽种数与郁闭度之间的函数关系。可以在幼苗栽种后改善土壤水分、养分条件，增大存活率和生长速率，从而使得裸地在较小的幼苗栽种数（较小的 I_0）时，郁闭度就能达到 0.3（p 达到 p_0）。因此，相比于土壤不改善区，露天采矿的裸地的特定恢复力减弱。

C. p_0 的调控

p_0 的确定有两种途径，一种是人为管理规定，另一种是依据状态变量和特定参数的函数关系（f）确定。

对于 p_0 是人为规定的情况，一方面，可以根据实际情况调高或者调低已有的阈值，让系统在受到扰动后的参数取值到阈值的距离增大或减小，从而使得特定恢复力增大或减小。例如，当矿山土地生态系统位于生态脆弱区时，在露天采矿裸地上植树造林有很大的难度，因而将 3～5 年后需要达到的林地郁闭度标准适当调低，使得在同等恢复干预强度下，郁闭度阈值更容易被突破，从而减小露天采矿裸地对恢复干预的特定恢复力。实际上，在《土地复垦质量控制标准》（TD/T 1036—2013）中，这种标准的调整已经有所体现。另一方面，可以设定新的阈值，如确定一些新型污染物的标准，如果没有关于新型污染物的阈值，即不区分污染和非污染状态，则矿山土地生态系统面临扰动时的特定恢复力是无穷大的。在《土壤环境质量标准（修订）》（2015 征求意见稿）中，就新增了总硒、总钴等污染物的污染标准。类似地，设定关于恢复程度的标准，可以避免无穷无尽的恢复干预的情况，如果没有关于恢复程度的标准，则需要克服的特定恢复力是无穷大的。

对于 p_0 由函数关系（f）来决定的情况，一种极端的措施是将状态变量 X 和参数变量 p 永远分离开，从而消除阈值，无穷增大特定恢复力。例如，在干旱地区矿山植被生长依赖于土壤水分（来源于地下水补给和降雨补给），如果永久地对植被实施人工灌溉，则植被生长与当地地下水补给和降雨补给扰动的特定恢复力被无穷增大。阈值效应十分复杂，目前关于阈值调控的认识和研究还较缺乏，本书不对其进行深入讨论，只是指出阈值调控可以作为恢复力调控的一项措施。

2. 一般恢复力的强化与克服

1）基本前提

通过对特定恢复力调控措施进行理论分析可以看出，特定恢复力调控只针对系统特定部分，解决特定问题。实际上，矿山土地生态系统的变量之间具有复杂的联系，当调控某个方面的特定恢复力时，可能会损伤其他方面的特定恢复力。

例如，对高潜水位地区的耕地进行挖沟排水，使得耕地面临沉陷积水扰动时的特定恢复力增强，但过度排水，表层土壤含水与潜水之间的联系就会减弱，耕地面临干旱扰动时的特定恢复力也减弱。

一般恢复力是指土地生态系统面临所有扰动（包括采矿扰动和其他变化）时的能力。一般恢复力调控则是需要对这种能力进行强化或者克服。一般恢复力的强化和克服的前提是，关注所有扰动，通盘考虑整体矿山土地生态系统。设定这一前提的原因是，在一般恢复力的调控过程中，追求系统整体应对扰动的能力，可能会损伤部分特定恢复力。

2）机理分析

根据对恢复力的可塑性特征的研究，从动力学角度看，一般恢复力由系统运行空间（包括吸引域和参数空间）的形态体现出来，而体现矿山土地生态系统是否具有较好的一般恢复力的基本特征有多样性、生态变化性、模块性、紧凑反馈、生态系统服务、交叠管理六个方面。矿山土地生态系统一般恢复力调控主要是对一般恢复力的各个特征进行调控。

3）措施分析

由于管理目标和关注尺度不同，矿山土地生态系统有景观多样性、土地利用多样性、生物多样性。不同类型或种类的景观单元、土地利用方式和生物对采矿扰动和其他变化有不同的响应形式和应对能力。当扰动发生时，多样性的存在使得系统部分被保存下来，从而体现出对扰动的恢复力。由于矿山土地生态系统是半人工半自然系统，多样性往往较低，如露天采矿使得原地貌耕地、林地景观转变为同质性较高的露天采场（张笑然等，2016）。

增强矿山土地生态的多样性可以构建具有异质性的景观结构，合理布设斑块-廊道-基质，保持景观连通性；可以引入多样化的土地经营方式，如农、林、牧、渔相结合的方式（卞正富，2001）；可以注意培养生物多样性，如植被重建时合理配置乔灌草的比例。但需要注意的是，并非多样性越高，恢复力越强。研究表明，恢复力、多样性和效率之间存在权衡关系，当多样性较低时，恢复力和效率较低，但多样性较高时，恢复力和效率可能会受到负面影响（Lietaer et al., 2010）。

长期将系统维持在一个期望状态会损害恢复力，这是因为系统吸收扰动的能力取决于系统应对扰动的历史经验（Walker and Salt, 2012）。因此，提高矿山土地生态系统恢复力需要维持一定的生态变化性。例如，在林地复垦工程中，适当降低人为投资和管理，使复垦林地保持一定的开放性，使其积累应对干旱、虫灾的经历，从而增强林地应对未来同类扰动的能力。在对复垦后土地利用的过程中，避免长期僵化地采用同种土地经营模式，适时调整，以应对外界变化。

根据模块性准则，调控模块性需要使得系统的某个部分或组分遭受扰动后，其他部分或组分能够重组织并不发生变化。在矿山土地生态系统中对模块性进行调控，可以提高各个组分或各个部分间的耦合协调度。此外，矿山土地生态系统中有很多反馈机制，对一般恢复力的调节可以通过加强、减弱、新建反馈机制来实现。

过分追求效率，仅追求某个方面的生态系统服务，如为追求耕地的粮食生产功能，开展高度集约的农业，会使得其他生态系统服务受到损伤，从而降低系统应对扰动的能力（Foley et al.，2005）。对一般恢复力的调控可以重视和开发矿山土地的多功能特性，保持生态系统的服务能力，为系统应对扰动提供物质基础。由于矿山土地的利用和管理是综合性工程，涉及矿业、地质环境、生物保护、土地利用等多方面，调控交叠管理水平可以将矿山土地的管理与当地农村建设、退耕还林、产业转型等结合起来（杨永均等，2016）。

当前，对一般恢复力调控或建设的研究还处在早期发展阶段（Biggs et al.，2015）。上述分析的作用是基于文献资料，归纳得到一般恢复力调控的经验。这些经验可以作为矿山土地生态系统一般恢复力调控的基础。

6.3 矿山土地生态系统恢复力调控的实施

6.3.1 矿山土地生态系统恢复力调控的实施程序

1. 整体框架

根据对恢复力调控的内涵分析可知，恢复力调控的主要对象是原始、受损、重建矿山土地生态系统（也可能是系统的一个特定部分）。对这些对象的恢复力进行调控，需要以恢复力测度结果为基础。根据管理目标，当受损矿山土地生态系统需要恢复到原始矿山土地生态系统、重建矿山土地生态系统时，需要对受损系统的恢复力进行克服。当维持重建矿山土地生态系统、原始矿山土地生态系统时，需要对恢复力进行强化。图6.5给出了矿山土地生态系统恢复力调控实施的整体框架。

由于后采矿时期的系统仍然可能遭受一些扰动，而恢复力调控的最终目标是获得一个具有更强恢复力的可持续矿山土地生态系统，因此，需要持续地对后采矿时期的系统进行恢复力监测、调控，并根据恢复力测度结果，对后采矿时期的系统进行恢复力调控。

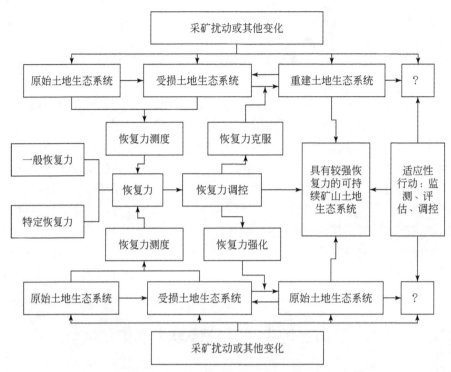

图 6.5　矿山土地生态系统恢复力调控实施的整体框架

2. 工作程序

由于矿山土地生态系统恢复力调控一般需要人来执行，这使得参与者成为矿山土地生态系统的重要一员，参与者的适应力成为影响恢复力的一个重要因素。适应力（adaptability）被定义为：一个系统中的行动者支配恢复力的能力（Walker and Salt，2012），其中行动者主要是指那些可能会对系统产生影响的人和机构。而这种适应过程，则是行动者不断适应新的情形、机会、问题、变化的过程。目前适应力被认为是管理恢复力的关键（Walker and Salt，2012）。

由于矿山土地生态系统具有变化性，状态在吸引域之间的转移具有不确定性和不可预知性。而且，系统恢复力在单个吸引域的适应性循环过程中不断变化，这就需要不断对恢复力调控，甚至需要对恢复力调控的措施进行修正。这就需要在恢复力调控措施实施时，参与者开展适应性行动，如图 6.6 所示。这些行动伴随系统演化的整个过程，是参与者应对不确定性的具体响应，其作用贯穿矿山土地生态系统调控的各个阶段。

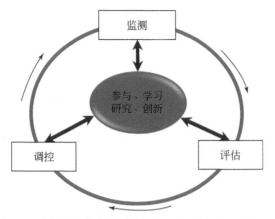

图 6.6 矿山土地生态系统恢复力调控实施的适应性行动

恢复力调控实施的适应性行动至少包括三个关键环节，即监测、调控、评估。通过监测，明确目标系统构成、扰动及变化情况、恢复力要义（焦点问题和尺度、期望保持的状态）、关键参数和反馈；然后通过评估，识别状态和阈值、评估与特定恢复力和一般恢复力相关的指数；再调控恢复力，对特定恢复力和一般性恢复力进行强化或克服。在调控后，持续对目标系统进行监测，了解恢复力强化或者克服的效果，是否解决关键问题。再评估新形势下系统的恢复力情况，并对恢复力调控措施进行调整，实现对恢复力的再次调控。因此，矿山土地生态系统恢复力调控的适应性行动是动态过程。其目的是，通过反复的监测、评估和调控，使得系统面临扰动和变化时保持状态的能力更强。

更好地实现上述三个关键环节，需要优化措施，即参与、学习、研究和创新。其一，恢复力调控需要广泛参与，从而实现对复垦工程设计人员、系统管理者、当地居民的知识整合和应用，强化恢复力调控者应对未知扰动的响应能力。其二，通过学习，恢复力调控参与者具备更多的相关知识。其三，通过研究，深入理解新出现的情形和问题，如新型扰动和变化。其四，通过创新，改善恢复力调控措施，如引入新的反馈机制。

6.3.2 矿山土地生态系统恢复力调控的实施内容

1. 关键环节的实施

1）监测

监测的主要任务是获取与恢复力有关的信息。这些信息包括：矿山土地生态系统组分（如土壤、植被、水文等）、结构（如土地利用结构等）和功能（各类生态系统服务）、扰动（扰动的类型和强度等）情况；特别关注的状态变量、参数变量在时间和空间上的变化情况；一般恢复力各个特征指标及其在时间和空间上的变化情况。

监测应当覆盖采矿活动区及受其影响的有限时空范围。监测需要特别注意在上一轮恢复力调控后的各个变量的变动情况。应当同时观测一定数量的参考区域。监测实施的技术手段包括遥感监测、物联网监测、野外调查、社会调查等。在监测实施后，建立数据库，对搜集到的信息和数据进行存储，并建立数据共享机制。

2）评估

依据监测到的数据对矿山土地生态系统恢复力进行评估，包括识别恢复力的正负性质、测度特定恢复力和一般恢复力相关指数。当系统可识别的扰动较多时，可能会考察多个方面的特定恢复力。评估的主要工作内容包括状态和阈值识别、AISR 和 RISR 的计算、一般恢复力准则和指标的确定、RIGR 的计算。

根据恢复力评估结果分析矿山土地生态系统对哪些扰动不具有正恢复力，或者具有较小的正恢复力，对哪些扰动具有无穷大的或者较大的负恢复力。分析一般恢复力的限制性因素，比较评价对象与参考对象在一般恢复力各个特征方面的差异。

特别地，需要对上一轮的恢复力调控结果进行评估。设矿山土地生态系统特定恢复力调控前、调控后的特定恢复力绝对指标分别为 $AISR_a$、$AISR_b$，则特定恢复力变化量为

$$\Delta AISR = AISR_b - AISR_a \tag{6.1}$$

当 AISR 为正向指标时（正恢复力），$\Delta AISR$ 越大越好，当 $\Delta AISR$ 为 0 时，特定恢复力调控措施没有对原特定恢复力产生作用；当 $\Delta AISR$ 为 $+\infty$ 时，特定恢复力调控足够有效，系统对特定扰动已经具有无穷恢复力；当 $\Delta AISR$ 为 $-\infty$ 时，调控措施极大地降低了特定恢复力，系统对特定扰动不具有恢复力。

在式（6.1）中，当 AISR 为负向指标时（负恢复力），$\Delta AISR$ 越小越好，当 $\Delta AISR$ 为 0 时，特定恢复力调控措施没有对原特定恢复力产生作用；当 $\Delta AISR$ 为 $-\infty$ 时，特定恢复力调控足够有效，系统在特定扰动下已经不能保持其状态，有利于对特定恢复力进行克服和状态转移；当 $\Delta AISR$ 为 $+\infty$ 时，调控措施极大地增强了特定恢复力，系统对特定干预或变化具有无穷恢复力，不利于特定恢复力克服和状态转移。当调控后特定恢复力相对指标达到 1 时，达到参考对象特定恢复力的平均水平。

对于一般恢复力，由于一般恢复力只有相对指标，调控后的 RIGR 达到 1 时，表示调控后已经达到了参考对象一般恢复力的平均水平。

3）调控

调控是指执行恢复力调控的方法和措施的过程。执行过程中，可以根据需要，选择多项措施同时进行，以达到较好的效果。在恢复力调控过程中，需要充分吸纳前一次恢复力调控的经验和教训。

2. 优化措施的实施

1）扩大参与

其一，矿山土地生态系统恢复力调控涉及多学科知识的交叉与融合，这就必须要求有相应知识背景的工作者参与进来，如需要地质、采矿、环境、土地等方面的专业人员的参与。当地居民的一些本土知识对于矿山土地生态系统恢复力调控也至关重要，因为这些知识是建立在长期现场实践的基础上的。其二，矿山土地生态系统恢复力调控的执行需要多方面人员参与，包括矿山土地所有者、使用者、矿山企业、政府管理部分、非营利组织（如学术机构）、营利组织（如生态修复投资者）、公众、流域利益相关者。扩大参与可以积累智力、金钱等其他资本，增大矿山土地生态系统恢复力调控成功的可能性。

2）鼓励学习

在长期的矿山土地复垦与生态修复实践中，大量的工程案例、科学知识已经被积累起来。矿山土地生态系统恢复力调控需要鼓励调控的执行者加强学习。这些学习包括参观考察、会议交流等活动。通过学习了解矿山土地生态系统可能的演变路径和选项；掌握更多的恢复力调控措施和方法，从中选取适合调控对象的措施。

3）深入研究

由于矿山土地生态系统恢复力的主体和客体都具有较强的变化性和不确定性，因此，对矿山土地生态系统恢复力进行深入研究相当重要。例如，开展对矿山土地生态系统某些特定部分对特定扰动的特定恢复力研究；开展矿山土地生态系统一般恢复力的驱动因素的研究；建立矿山土地生态系统恢复力调控的试点工程，将恢复力调控和矿山土地复垦与生态修复工程结合起来。通过研究掌握更多的信息和知识，如一些变量的阈值效应、参数变量对特定扰动的响应机理、一般恢复力的最优取值等。实际上，"深入研究"这个优化措施已经在很多地区得到了重视，如德国 Lusatia 地区的露天矿山建立了一个"Chicken Creek"的小型流域研究基地（Elmer et al.，2013），已经连续 10 年对露天采矿场早期生态恢复进行了监测和研究。美国西弗吉尼亚州的一个山顶采矿矿山建立了一个研究阔叶林恢复的场地（Wilson-Kokes et al.，2013），我国在平朔露天煤矿、黄淮海采煤塌陷地建立了野外生态观测基地（杨博宇等，2017；白中科等，1999；侯湖平等，2014），研究历史都超过了 30 年。利用长期数据，将有利于对恢复力调控的措施进行进一步优化。

4）积极创新

一方面，需要不断地对已有的恢复力调控措施改进，从而节约成本、提高效率。特别是调控特定恢复力的措施，这些措施针对性强，但会为矿山土地复垦与生态修复工作带来较大的社会经济成本。另一方面，当系统总是面临一些未知变化和扰动，或者面临已知扰动但没有成熟应对措施时，需要对恢复力调控的措施进行创新和实验。

总之，通过参与、学习、研究和创新，不断地提高矿山土地复垦与生态修复参与者对恢复力的理论认知，在思维方法中增加恢复力概念，增强对系统运行空间、阈值效应、自组织特性等的认识和理解。这些措施实际上有利于对矿山土地生态系统人文组分进行调控，特别是有利于参与者适应力的提高。这种改善可以使受人为因素影响较大的矿山土地生态系统在面临扰动时，能更好地应对扰动并保存状态，从而提高矿山土地生态系统的可持续性。

6.4 小　　结

本章主要研究了矿山土地生态系统恢复力的调控机理；分析了恢复力调控的内涵，包括含义和作用；揭示了恢复力调控的原理，包括路径和措施；分析了恢复力调控在实施过程中的程序和内容。可以得出以下结论。

（1）在可持续目标下，矿山土地生态系统的一些状态需要持续保存，一些状态需要改变，因而恢复力调控成为矿山土地复垦与生态修复工作中的必要环节。恢复力调控可以在采矿土地生态影响的预控、土地复垦与生态修复设计、土地复垦与生态修复评价、后采矿时期土地生态管理四个方面发挥作用。

（2）球盆隐喻可以清楚地表达恢复力视角下矿山土地生态系统的演变过程。根据恢复力调控目标的不同，恢复力调控方法可以分为恢复力强化和恢复力克服两个路径。特定恢复力的强化和克服可以通过调控特定参数（p）、调控函数关系（φ）、调控阈值（p_0）三种途径来实现。一般恢复力的调控可以从矿山土地生态系统一般恢复力的基本特征，即多样性、生态变化性、模块性、紧凑反馈、生态系统服务、交叠管理六个方面来开展。

（3）恢复力调控的实施应以获取一个恢复力更好的可持续矿山土地生态系统为目标。恢复力调控的实施应当采取适应性行动策略，适应性行动包括恢复力监测、评估和调控三个关键环节。为了更好地实现这三个关键环节，需要扩大参与、鼓励学习、深入研究、积极创新四个方面的优化措施。

综上，矿山土地生态系统恢复力调控在矿山土地生态可持续管理中具有相当的现实价值。恢复力调控工作涉及特定恢复力和一般恢复力的强化与调控。此外，恢复力调控需要配备良好的实施程序和优化措施，从而确保恢复力调控的成功性。

参 考 文 献

白中科，赵景逵，李晋川，等.1999. 大型露天煤矿生态系统受损研究——以平朔露天煤矿为例. 生态学报，19（6）：870-875.

卞正富. 2001. 矿区土地复垦界面要素的演替规律及其调控研究. 北京：高等教育出版社：136-141.

陈梦舫. 2016. 稀土尾矿库地下水渗透性反应墙（PRB）技术修复技术研究与示范. 北京：国际棕地治理大会暨首届中国棕地污染与环境治理大会.

侯湖平，徐占军，张绍良，等.2014. 煤炭开采对区域农田植被碳库储量的影响评价. 农业工程学报，30（5）：1-9.

缪协兴，浦海，白海波.2008. 隔水关键层原理及其在保水采煤中的应用研究. 中国矿业大学学报，37（1）：1-4.

肖生春，肖洪浪，米丽娜，等.2017. 国家黑河流域综合治理工程生态成效科学评估. 中国科学院院刊，32（1）：45-54.

许延春，李见波.2014. 注浆加固工作面底板突水"孔隙-裂隙升降型"力学模型. 中国矿业大学学报，43（1）：50-55.

杨博宇，白中科，张笑然. 2017. 特大型露天煤矿土地损毁碳排放研究——以平朔矿区为例. 中国土地科学，31（6）：59-69.

杨永均，张绍良，卞正富，等.2016. 中国土地复垦省际格局分异及影响机制. 农业工程学报，32（17）：206-214.

张笑然，白中科，曹银贵，等.2016. 特大型露天煤矿区生态系统演变及其生态储存估算. 生态学报，36（16）：5038-5048.

张勇，庞义辉.2010. 基于应力-渗流耦合理论的突水力学模型. 中国矿业大学学报，39（5）：659-664.

Biggs R，Schlüter M，Schoon M L. 2015. Principles for Building Resilience：Sustaining Ecosystem Services in Social-Ecological Systems. Cambridge：Cambridge University Press：251-277.

Boix-Fayos C，Calvo-Cases A，Imeson A C，et al. 2001. Influence of soil properties on the aggregation of some Mediterranean soils and the use of aggregate size and stability as land degradation indicators. Catena，44（1）：47-67.

Chaffin B C，Gunderson L H. 2016. Emergence，institutionalization and renewal：Rhythms of adaptive governance in complex social-ecological systems. Journal of Environmental

Management，165：81-87.

Curtin C G，Parker J P. 2014. Foundations of resilience thinking. Conservation Biology the Journal of the Society for Conservation Biology，28（4）：912.

Elmer M，Gerwin W，Schaaf W，et al. 2013. Dynamics of initial ecosystem development at the artificial catchment Chicken Creek，Lusatia，Germany. Environmental Earth Sciences，69（2）：491-505.

Foley J A，Defries R，Asner G P，et al. 2005. Global consequences of land use. Science，309（5734）：570-574.

Folke C. 2006. Resilience：The emergence of a perspective for social-ecological systems analyses. Global Environmental Change，16（3）：253-267.

Holling C S. 2001. Understanding the complexity of economic，ecological，and social systems. Ecosystems，4（5）：390-405.

Lietaer B，Ulanowicz R E，Goerner S J，et al. 2010. Is our monetary structure a systemic cause for financial instability? Evidence and remedies from nature. Journal of Futures Studies，14（3）：89-107.

Walker B，Carpenter S R，Anderies J M，et al. 2002. Resilience management in social-ecological systems：A Working hypothesis for a participatory approach. Ecology & Society，6（1）：840-842.

Walker B，Salt D. 2012. Resilience Practice：Building Capacity to Absorb Disturbance and Maintain Function. Washington：Island Press：117-134.

Wilson-Kokes L，Delong C，Thomas C，et al. 2013. Hardwood tree growth on amended mine soils in West Virginia. Journal of Environmental Quality，42（5）：1363-1371.

第7章 矿山土地生态系统恢复力理论的初步应用

本章将矿山土地生态系统恢复力理论框架与实践关联，结合实例阐述恢复力内涵、性质、特征、测度模型和调控机理的应用。选取的案例包括鄂尔多斯补连沟井工矿山、澳大利亚 Curragh 露天矿山和山西太原孟家沟采煤迹地，这几个案例矿山的采矿扰动、自然地理条件和生态修复或保护目标等均有较大差别。案例矿山的基本情况如表 7.1 所示。

表 7.1 矿山土地生态系统恢复力应用案例的基本情况

应用	章节	采矿情况	自然地理条件	土地生态保护/修复目标
实例一：补连沟井工矿山	7.1 节	井工开采，正在进行	位于干旱地区，土地覆盖类型为中温带稀疏灌草丛植被	保护地面植被，避免生态退化，提供防风固沙、多样性保护等土地生态系统服务
实例二：Curragh露天矿山	7.2 节	露天开采，正在进行	位于半干旱地区，土地覆盖类型为亚热带灌木疏林草原植被	恢复露天采场裸地的植被覆盖，完成复垦责任，恢复植被初级生产力和生物多样性
实例三：孟家沟采煤迹地	7.3 节	小规模采掘活动，已经停止	位于半干旱地区，土地覆盖类型为农地和天然疏林	综合开发受损的矿山土地，全方位修复土地生态系统

恢复力理论应用的具体步骤是：首先，介绍研究区，主要介绍案例矿山土地生态系统的基本特征及监测情况；其次，识别问题与明确恢复力具体内涵。识别矿山土地生态系统持续保存的关键问题，界定其恢复力的主体和客体、状态、尺度等；再次，测度恢复力并分析调控措施，利用本书提出的模型和方法，对案例矿山土地生态系统恢复力进行测度，并提出潜在的调控措施；最后，归纳总结恢复力理论在不同矿山中体现出的实践价值。

7.1 实例一：补连沟井工矿山恢复力研究

7.1.1 研究区与数据来源

研究区位于中国内蒙古自治区伊金霍洛旗，煤炭可采储量约 14 亿 t，目前年产量约 2500 万 t，是世界上第一大单井井工矿井，主采 1^{-2}、2^{-2}、3^{-1} 煤层，由国家能源集团神东煤炭集团开发建设。目前矿山生产仍在进行中。该矿山所在的中国西北干旱半干旱地区是我国目前重要的能源开发基地。

2014～2016 年研究人员对该矿山土地生态系统的关键组分进行了生态监测，监测内容包括土壤（理化性质）、气候（温度和降雨）、水文（区域水文地质、潜水水位）、植被（植被指数、群落、分布等）、地形（高程、地貌）等。监测方法为遥感观测、野外监测、室内化验。还对系统组分的关系和组合形态进行了分析，包括生态样线分析、对应分析、遥感比照。图 7.1 和图 7.2 显示了矿山的生态观测实景、遥感快照、地理位置、地形、生态样线-样点布设、采掘工程布置等信息。

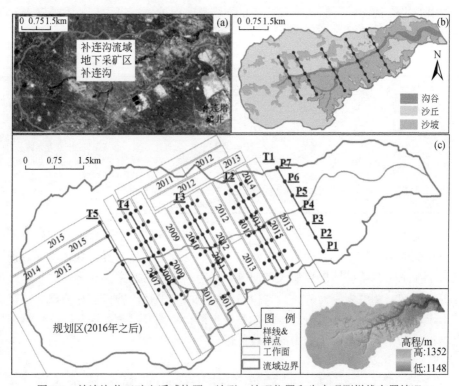

图 7.1　补连沟井工矿山遥感快照、地形、地理位置和生态观测样线布置情况

7.1.2 问题识别与恢复力具体内涵

1. 问题识别

1）系统构成分析

A. 系统组分基本状况

该矿山位于毛乌素沙地和黄土高原接壤处，属于半干旱大陆性季风气候，年降水量为 345mm，蒸发量为 2163mm，年均温度 6.7℃。沟谷内有常年性河流。该矿山有萨拉乌苏组风积沙含水层，潜水在较低的沟谷地区出露。地形为沟谷-沙坡-沙丘组合形态，高程在 1147～1352m。基岩为侏罗系砂岩，松散层为风积沙，平均厚 46m，零星区域夹冲积沙层，土壤类型为沙土。当地植被为半干旱稀疏灌草，以油蒿、柠条、沙柳为主要优势物种，有水生、湿生、旱生、沙生植被类型共 38 种、13 属。流域土地所有权和使用权属于当地村集体，按照灌木林地进行利用和管理。当地土地生态系统综合形态实景与生态观测实景照片如图 7.2 所示。

图 7.2　补连沟井工矿区地表综合形态实景与生态观测实景照片

B. 植被-环境关系分析

利用 CANOCO 4.5 软件对 119 个样方的植被-环境变量关系进行分析。选取各样方的土壤有机质（SoOM）、全氮（TN）、全磷（TP）、全钾（TK）、土壤 pH、土壤相对含水量（SoMC）、地下水位（GroT）、高程（Elev）、坡度（slop）、方位（aspect）、土壤粒径[黏（SoCC）、粉（SoSiC）、沙（SoSaC）粒含量]，以及每个样方 38 种植物的个体数量，结果如图 7.3 所示，图中用方形、星形、三角形、圆形分别表示水生、湿生、旱生、沙生植被。

　　从典范对应分析结果来看（图 7.3），第一排序轴上的因子可以解释 61.8%的植被分布。地下水位与第一排序轴相关系数达 0.8434，这两个因子箭头在第一排序轴（横轴）上的投影最长，说明地下水位是影响植被生存的第一重要因子。结合植被物种在排序图上的分布可以看出，水生和湿生植被主要分布在地下水位较低的地区，位于图中的第三、第四象限。此外，土壤有机质与第一排序轴相关系数为−0.5074，表明其也是较为重要的因子，其他重要因子还包括土壤水分含量、土壤沙粒含量。

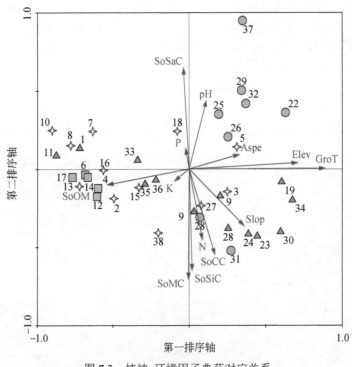

图 7.3　植被-环境因子典范对应关系

2）系统扰动与变化分析

A. 采矿扰动分析

　　补连沟流域采矿活动始于 2006 年。采用长壁开采方法，工作面平均长度为 2000m，宽为 300m，煤层平均埋深 200m，采厚 4.4m。采煤底板高程为 990～1010m。采煤工作面平均每天推进 12m。平均沉降量为 2.5m，在采煤工作面边缘地区造成 0～0.5m 宽的裂缝。根据经验参数计算，导水裂隙带高度为 48.4m，这使得煤层上方一定厚度的地下水被疏导到采空区内。

B. 生态变化分析

利用 Google Earth Engine 云计算工具获取基于 MODIS 卫星的 NDVI 数据（16d 间隔，2002~2016 年，取流域均值监测采矿前后的 NDVI 变化）。利用 Kendal 和 mblm 方法进行趋势分析，采用方差分析方法比较采矿前后的差异，同时搜集同时期降雨量数据，结果如图 7.4 所示，可以看出，2002~2016 年 NDVI 和降雨量保持增长趋势（$p \leqslant 0.10$，Theil-Sen 斜率分别为 0.0002、0.00015），降雨量与 DNVI 具有较强的相关性（$r=0.798$，$p<0.05$，$F=311.53$）。采矿前（2002~2006 年）年均 NDVI 显著高于采矿后（2007~2016 年）15%（$p<0.05$，$F=4.67$）。这表明流域尺度上的采矿没有对植被造成显著的负面影响。

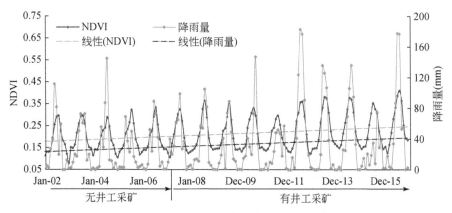

图 7.4　近 15 年矿山整体 NDVI 指数和降雨量变化

在样方尺度上，利用生态样线-样方调查数据，采用时空等效方法比较样方尺度上采矿沉陷对植被群落的扰动，考虑了植株密度（PD）、植被盖度（PC）、生物量（PB）、植物丰富度（O）、植物均匀度（J）、Shannon-Weiner 指数（H），结果如表 7.2 所示。样方 P1~P7 都等间距分布在垂直于沟谷的每条样线上，在同一条样线上，P1~P7 样方的各个植被指标大多具有明显差异，体现出沟谷及河岸两侧的植被密度、生物量和多样性比沙坡、沙丘处大（高）。从不同沉陷区来看，编号为 P4、P5、P7 的样方位于沟谷和沙丘，沉陷扰动不明显。由于编号为 P1、P2、P3、P6 的样方位于沙坡处，沉陷造成了裂缝和附加坡度。这几个样方的 PD、PC、PB 在沉陷 0~2 年的区域比无沉陷区域平均低 17.5%、16.0%、21.5%，但 O、J、H 指标平均高 8.4%、1.5%、6.9%（$p<0.05$）。结合现场调研发现，在沉陷裂缝处，一些多年生植被根系拉伸死亡，但一些短命植物、一年生草本植物占据了裂缝区的生境。随着自然恢复，沉陷 6~8 年后，PD、PC、PB、O、J、H 分别达到非沉陷区的 95.7%、94.7%、93.5%、105.3%、104.7%、105.2%。样方尺度监测表

明，沉陷扰动对局部地区（沙坡裂缝区域）的植被指标产生了影响，且伴随着自然恢复现象。在沟谷地带，由于水位保持，裂缝发育不明显，植被扰动较小。

表 7.2　沉陷对植被群落与多样性指标的扰动情况

样线	样方	PD（株/m²）	PC（%）	PB（kg/m²）	O	J	H
T1、T5 未扰动区	P1	97.00±8.49[aA]	82.25±6.72[aB]	0.28±0.02[aG]	1.53±0.03[aG]	0.84±0.04[abB]	1.74±0.08[abC]
	P2	63.04±3.59[aC]	98.50±2.12[aA]	0.97±0.08[aD]	2.77±0.13[bC]	0.78±0.03[bC]	1.97±0.03[cB]
	P3	67.28±6.37[aC]	99.00±1.41[aA]	14.90±1.98[aB]	4.16±0.41[bcA]	0.81±0.04[aBC]	2.38±0.22[aA]
	P4	84.29±6.66[aB]	94.00±4.24[aA]	0.52±0.04[aF]	3.16±0.38[aB]	0.90±0.04[aA]	2.42±0.03[aA]
	P5	39.08±1.36[aE]	97.50±3.54[aA]	18.05±2.19[aA]	2.32±0.17[aD]	0.77±0.01[aD]	1.73±0.02[aC]
	P6	48.80±4.67[aD]	73.50±6.36[aC]	4.27±0.30[aC]	1.93±0.13[aE]	0.81±0.05[aBC]	1.74±0.03[aC]
	P7	13.78±1.30[aF]	57.00±4.24[aD]	0.63±0.05[aE]	1.71±0.21[aF]	0.87±0.03[bAB]	1.47±0.06[aD]
T2 沉陷区 （0～2 年）	P1	84.06±7.57[bA]	69.69±4.26[bB]	0.23±0.02[bF]	1.35±0.14[bE]	0.80±0.02[bB]	1.55±0.10[cC]
	P2	49.37±2.35[cC]	70.72±7.27[cB]	0.68±0.06[cD]	2.92±0.13[bB]	0.82±0.02[abB]	2.07±0.05[bB]
	P3	53.77±2.27[bB]	94.20±10.40[aA]	11.71±1.09[cB]	3.71±0.30[cA]	0.76±0.01[bC]	2.08±0.07[bAB]
	P4	83.76±6.16[aA]	93.56±6.15[aA]	0.53±0.04[aE]	2.84±0.37[aB]	0.87±0.04[bA]	2.26±0.19[aA]
	P5	36.16±3.58[aE]	96.60±3.21[aA]	15.13±2.25[aA]	1.89±0.18[bC]	0.74±0.03[bC]	1.51±0.12[bCD]
	P6	41.50±4.06[bD]	61.84±7.12[bC]	3.59±0.41[bC]	1.61±0.16[bD]	0.81±0.04[aB]	1.58±0.15[bC]
	P7	12.91±0.79[aF]	56.76±4.89[aC]	0.54±0.04[bE]	1.25±0.32[bE]	0.92±0.04[aA]	1.30±0.15[aD]
T3 沉陷区 （3～5 年）	P1	91.72±8.71[abA]	75.79±4.94[abC]	0.26±0.02[abG]	1.60±0.25[aF]	0.82±0.01[bC]	1.72±0.10[bC]
	P2	57.74±1.54[bC]	85.74±8.57[bB]	0.81±0.06[bD]	3.26±0.12[aB]	0.83±0.01[aB]	2.20±0.03[aB]
	P3	62.87±2.95[aB]	96.72±5.69[aA]	13.15±1.29[bB]	4.20±0.24[bA]	0.82±0.02[aC]	2.38±0.10[aA]
	P4	83.45±6.45[aA]	93.53±5.71[aA]	0.52±0.04[aF]	3.08±0.09[aC]	0.82±0.07[bC]	2.21±0.21[bB]
	P5	36.42±1.32[aE]	95.60±6.66[aA]	17.93±2.49[aA]	2.34±0.25[aD]	0.73±0.01[bD]	1.64±0.08[abC]
	P6	45.52±4.26[abD]	68.20±6.34[abD]	4.08±0.38[bC]	1.89±0.21[aE]	0.71±0.01[cE]	1.49±0.07[bD]
	P7	13.12±1.40[aF]	56.08±4.51[aE]	0.60±0.04[aE]	1.24±0.29[bG]	0.95±0.03[aA]	1.34±0.17[aE]
T4 沉陷区 （6～8 年）	P1	91.20±9.07[abA]	76.46±4.27[abC]	0.27±0.03[abG]	1.55±0.03[aE]	0.88±0.02[aA]	1.83±0.05[aD]
	P2	58.40±1.88[bC]	86.79±7.78[bB]	0.83±0.07[bD]	2.95±0.16[bB]	0.75±0.02[bC]	1.92±0.04[cC]
	P3	64.31±2.08[aB]	98.00±4.47[aA]	13.25±1.19[bB]	4.52±0.10[aA]	0.80±0.02[aB]	2.40±0.08[aA]
	P4	83.98±7.87[aA]	94.15±4.36[aA]	0.52±0.03[aF]	3.07±0.20[aB]	0.82±0.08[bAB]	2.21±0.19[bB]
	P5	38.59±2.97[aE]	97.00±6.71[aA]	18.08±3.02[aA]	2.41±0.19[aC]	0.77±0.03[aBC]	1.75±0.10[aD]
	P6	45.46±2.87[abD]	67.62±5.06[abD]	4.12±0.34[bC]	1.84±0.21[aD]	0.74±0.02[bC]	1.54±0.10[bE]
	P7	13.68±0.86[aF]	56.97±3.79[aE]	0.61±0.04[aE]	1.53±0.25[aE]	0.87±0.02[bA]	1.39±0.11[aF]

注：在每个指标值的上标位置，不同小写字母表示在相同样方中不同沉陷区的植被指标有显著差异（t 检验，$p<0.05$）；不同大写字母表示在相同沉陷区中不同样方的植被指标有显著差异（t 检验，$p<0.05$）。

3）焦点问题

系统配置的诊断结果表明,地下水位是影响植被生长和分布的最重要的因子。但从扰动与生态变化分析结果来看,植被在小尺度上受到土壤裂缝的扰动,植被生长和分布没有发生大规模的改变,这得益于重要生态因子的保存。

值得注意的是,这一流域的煤炭开发仍在继续,这意味着生态扰动将继续,甚至可能加强。因而,一个问题显露出来:面临采矿沉陷扰动(特别是潜水位下降)时,这个流域的植被群落具有何种程度的状态保持能力,未来流域植被是否能够一直保持其状态而不发生大规模退化。

2. 恢复力的具体内涵

根据《全国生态功能区划(修编版)》(2015),当地主要生态风险为沙漠化,主要生态功能为防风固沙。假设这个流域地表水和地下水疏漏或损失,沟谷地区水生、湿生植物必将受到较大影响。

因而,在该矿山,恢复力的具体内涵可以表述为,在沟谷地区,矿山土地生态系统在面临采矿扰动(潜水位下降)时保持其状态的能力。此时,恢复力为正恢复力,即一种保持管理者期望状态的能力,恢复力的主体是沟谷地区的土地生态系统,客体为采矿扰动(潜水位下降)。状态的关键变量是植被覆盖度。显然,该矿山需要关注的是特定恢复力。

7.1.3 特定恢复力测度及调控措施

1. 特定恢复力的测度

1)参数变量的阈值识别

根据 7.1.2 节的分析,已经知道植被覆盖度是关键的状态变量、潜水位是关键的参数变量。以野外观测的五条样线上样方的潜水位和植被覆盖度为数据基础,分析两者的关系,结果如图 7.5 所示。可以看出,当潜水位小于 3.25m 时,植被覆盖度在 95%左右,这些观测样方位于沟谷地区;当潜水位大于 4.40m 后,植被覆盖度在 40%~70%,且随着潜水位降低,植被覆盖度有逐渐减小的趋势。根据这个梯度观测的结果,可以发现当地植被覆盖度随潜水位的变化有突变的现象。当潜水位处于 [3.25m,4.40m] 时,没有获取到足够密集的观测值,但可以大致推断在这个区间内存在植被覆盖度的阈值。近似地,这个区间的中值 3.83m,为潜水位这个关键参数的阈值。

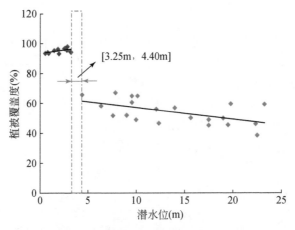

图 7.5　植被覆盖度与潜水位的关系

为验证上述分析结果的可信度，利用 2014 年 8 月 15 日由 Landsat 8 卫星获取的遥感影像（条带号为 127、033）进一步进行联合分析。图 7.6 给出了研究区 5-4-3 波段组合的假彩色图像。从图 7.6 中可以清晰地分辨带状沟谷，沟谷中的植被信息丰富，而沙坡和沙丘上植被则较少。沟谷与沙坡之间存在植被覆盖度的突变带。可见，植被覆盖度与潜水位之间存在变化的阈值。

图 7.6　研究区夏季 Landsat 遥感影像（5-4-3 假彩色合成）

2）特定恢复力绝对指标评估

按照 5.2.2 节中提出的特定恢复力绝对指标计算方法［式（5.6）～式（5.8）］测度特定恢复力，还需要分析潜水位与扰动强度之间的关系。有学者曾对这一地区（榆神府区）的煤炭开采强度进行了研究，根据面积开采情况和空间开采情况开发了煤炭开采强度指标,这个指标分为低、中、高、极高四种(范立民,2014),并调查了这一地区潜水对不同强度采煤的响应(范立民等,2016),根据调查数据,拟合了潜水变幅(扣除潜水自然波动变幅)(Δp)和开采强度(I)之间的关系(R^2=0.68):

$$\Delta p = 1.65 \times I - 1.57 \tag{7.1}$$

在拟合过程中,对开采强度低、中、高、极高按照虚拟变量进行处理,即分别对其赋值为1,2,3,4。根据该矿山采矿的面积开采情况和空间开采情况,判断该矿山的采矿强度为中等。

由于该矿山沟谷地区的植被覆盖保护问题是一个焦点,因此,分别考察沟谷坡地、河沟沿岸、谷底阶地(地形划分情况见图7.1)的特定恢复力绝对指标。对位于这些样方中的潜水位均值(p)进行计算,设定阈值 p_0 等于3.83,扰动强度 I 为2,根据5.2.2节中给出的方法,测算得到特定恢复力绝对指标,如表7.3所示。

表7.3 补连沟矿山特定恢复力绝对指标评估结果

土地单元	位置	潜水位均值(p)	阈值(p_0)	$|p-p_0|$	Δp(I=2)	AISR(I=2)	I^*
样方 P3	沟谷坡地	2.83	3.83	1.00	1.63	-0.63	1.56
样方 P4	河沟沿岸	0.65	3.83	3.18	1.63	1.55	2.88
样方 P5	谷底阶地	1.65	3.83	2.18	1.63	0.55	2.27

根据计算结果,可以看出河沟沿岸和谷底阶地的 AISR 大于0,表明这两个位置的样方对扰动强度为2的特定扰动具有足够的恢复力,即可以在面临采矿扰动时保持其状态。沟谷坡地的 AISR 小于0,表明发生扰动强度为2的特定扰动时,沟谷坡地的恢复力不足以使其状态保持。需要强调的是,这里所讨论的状态是指植被覆盖度,而且是指现有的植被结构和物种下的植被覆盖度。一般地,当潜水位下降时,植被发生演替,尽管植被覆盖度可能不会降低,但原有水生、湿生植被可能会退化消失,这些样方的植被覆盖度就不再是原有水生和湿生植被所贡献的。

表7.3还根据5.2.2节提出的模型计算了 I^*,其含义为当前矿山土地生态系统能承受的最大扰动。可以看出,沟谷坡地、沟谷沿岸、谷底阶地能承受的最大采矿强度是 1.56、2.88、2.27,考虑到 I^* 是一个虚拟变量,这三个数值应该分别表示介于低和中之间的采矿强度、介于中和高之间的采矿强度、介于中和高之间的采矿强度。

2. 特定恢复力调控措施分析

上述特定恢复力绝对指标测度表明,该矿山沟谷地区植被存在一定的运行空间,但在面对不同强度的扰动时,恢复力可能不足以保持其状态,即阈值可能会被穿越,造成生态退化。基于恢复力调控机理,有必要采取措施对恢复力进行强化。

1）对关键参数的调控措施

对关键参数（潜水位）进行调控是增强特定恢复力最直接的措施。具体包括：引入外源水对潜水进行补给，使得潜水位升高，增大潜水位到阈值的距离，这种办法可以有效提高沟谷坡地植被组分对扰动的特定恢复力。但对于谷底阶地和河岸来说，潜水位不能过高，否则土壤含水量过高，会使得一些植被渍水死亡（越过了潜水位的另一个阈值）。

2）对参数与扰动之间函数关系的调控措施

隔离参数与扰动是最直接的措施，即使得采矿强度与潜水变化之间的关系不敏感。一种可能的办法是建立一个持续补给潜水的机制，如建立水库或持续引入外源水，这样不管采矿强度如何变化，潜水位都不下降。另一种可能的办法则是在潜水与采矿之间建立隔离层。如图 7.7 所示，当采矿沉陷导致的导水裂隙带延伸到潜水含水层时，潜水沿裂隙下渗。如果采取措施（如跳采、注浆加固、降低推进速度等）保护这个关键隔水层，则可以改变潜水位与扰动强度之间的函数关系，可以增大特定恢复力，如果采矿强度增大，潜水位不再变化，则可以使得沟谷植被对采矿具有无穷大的恢复力。关于隔水关键层的保护和重建已经做了一些实质性措施，但大多数措施为了保护水资源或者防止突水事故（缪协兴等，2008；张发旺等，2005），还缺乏将采矿过程与地表土地生态植被组分的恢复力结合起来考虑。例如可以测度空间上每个单元的特定恢复力绝对指标，在未来采矿强度下找出特定恢复力绝对指标小于 0 的土地单元，然后对这些土地单元进行重点保护，避免损伤这些土地单元下方的隔水关键层。

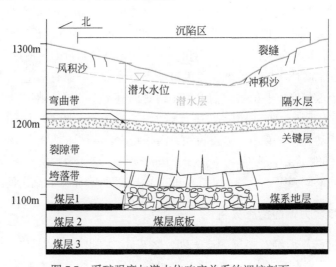

图 7.7 采矿强度与潜水位响应关系的调控剖面

3）对参数与状态变量之间函数关系的调控

图 7.8 为植被覆盖与潜水位之间关系的剖面示意图。强化特定恢复力的主要措施是减少植被对潜水的依赖，特别是图中的湿生、水生植物，如芦苇、早熟禾等。可行的措施有增强植被的抗旱性、改善植被的空间结构。但这方面的工程实践还比较缺乏，需要进一步研究。进一步地，如果在图 7.8 中的旱生、湿生、水生植被生长区大量种植其他类型的抗旱植物，如沙柳、柠条，将有利于快速提高植被覆盖度，也有利于在采矿扰动后保存沟谷地区的植被覆盖度。但植被类型改变并没有使原植被类型的恢复力得到强化。

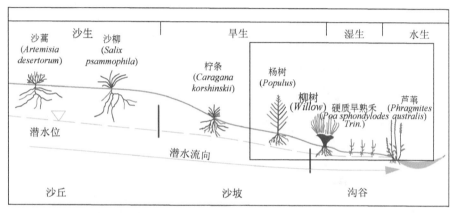

图 7.8　植被覆盖与潜水位响应关系的调控剖面

本节所讨论的特定恢复力是有关矿山土地生态系统特定部分（沟谷地区植被覆盖度）对采矿扰动（潜水损失）的特定恢复力。可以发现，这种特定恢复力只针对矿山土地生态系统一个很小的部分（植被群落）和很少的变量（潜水位）。矿山土地生态系统是极其复杂的，当采矿沉陷时，周边空间单元的潜水形成空间流动，从而持续补给一些潜水，这使得一些土地单元对采矿扰动的恢复力是无穷大的。

7.2　实例二：Curragh 露天矿山恢复力研究

7.2.1　研究区与数据来源

本案例中的矿山为位于澳大利亚昆士兰州中东部名为 Curragh 的矿山，包括中部、北部、东部三个部分，总面积为 123.49km^2，地理位置如图 7.9 所示。该矿山主要生产炼焦煤，储量近 1 亿 t，由 Wesfarmers 集团运行。采矿活动始于 1982 年，采矿方法为露天开采。该矿山为履行社会责任，保持矿山运行的可持续性，执行渐进式土地修复（progressive rehabilitation）策略，主要目的是恢复植被覆盖。

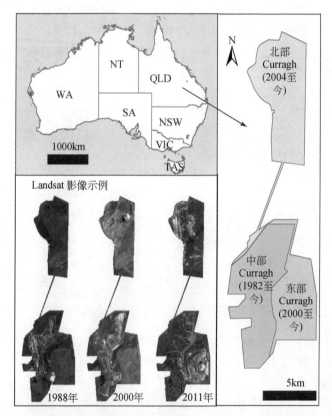

图 7.9 Curragh 露天矿山的地理位置、边界和 Landsat 影像示例

从 1990 年至今，昆士兰大学矿山土地复垦中心对该矿山进行了长期生态监测，监测内容包括土壤（理化性质）、气候（温度和降雨）、水文（地表水、土壤含水）、植被（群落组成、空间分布等）、地形（高程、地貌）。监测方法主要为样线-样方调查、无人机航测。又利用 1988~2015 年的 Landsat 卫星影像（生长季，每年 1 期影像）和地面验证数据进行了长时序植被遥感影像分析，从而获取关于植被长期动态变化的数据。

7.2.2 问题识别与恢复力具体内涵

1. 问题识别

1）系统构成分析

该矿山位于澳大利亚 Bowen 盆地，属于亚热带草原气候，年降雨量为 560mm，蒸发量为 1950mm，年均温度为 21.9℃。有地表常年性河流穿越矿区，坑塘低洼处常年积水。地形平坦，高程为 155～173m。土壤类型为黏磐土（planosols），基岩为二叠系砂岩，松散层为砾石和土壤。当地本土生态系统为亚热带灌木疏林草原，优势物种为金合欢、桉树、绿藤蔓和莓系属的牧草丛。2000 年之前土地所有权属于 Stanwell 镇政府，现属于 Wesfarmers 集团，土地利用方式为采矿用地，恢复后为林地或牧草地，当地土地生态系统综合形态实景如图 7.10 所示。

图 7.10 Curragh 矿山采掘与复垦场地综合形态实景

2）系统扰动与变化分析

A. 采矿扰动分析

该矿山属于 Bowen 盆地的煤田，成煤于二叠纪，煤厚 10～30m，埋藏浅于 100m。采用大型露天开采方式，年推进 200～500m，年产 800 万 t。采坑平均深 20m。该矿山具有采、剥、运、排、覆的工艺流程。主要扰动为挖损（采掘区植被清除，岩层和煤层剥离；非采掘区植被清除，修建道路或广场，包括素土、水泥混凝土地面）和压占（混排岩土压占内排土场、选煤残渣倾倒压占）。采矿结束后，重建地形（平整土地、稳定边坡）、表土处理（覆土、不覆土），然后进行植被种子混合播撒，主要种子包括相思树（Acacia confusa Merr.）、桉树（Eucalyptus robusta）、决明属灌木（Cassia Linn.）。

B. 生态变化分析

与井工采矿不同，露天采矿区生态扰动和恢复是必然过程，植被覆盖的面积和范围必然发生变动，且存在变动时点、时长和大小（程度）。研究露天矿山生态变化情况，需要提取上述信息。如图 7.11（a）所示，该矿山的植被指标在采矿扰动后降低，在植被恢复后升高，在二次扰动（恢复后扰动）后再次降低。通过统计未扰动区、采矿扰动区、恢复区 NDVI 的概率分布情况（分别选择 500m×500m范围内的 Landsat 像元进行统计），可以看到在这三种状态下 NDVI 分布区间分别为 0.242~0.505、0.057~0.116、0.145~0.494，可以看出未扰动区、恢复区的 NDVI与采矿扰动区的 NDVI 差异明显。

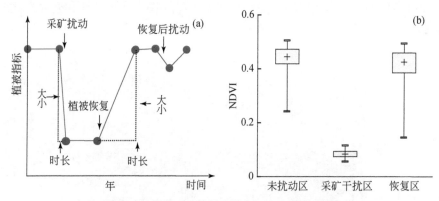

图 7.11　露天采矿植被变化与 NDVI 指数特征

采用 LandTrendr（Landsat-based detection of Trends in disturbance and recovery）算法（Kennedy et al.，2010）对全矿山的植被覆盖变动信息进行提取。将探测到的矿山植被扰动和恢复的时点、时长和大小分别制图，结果如图 7.12 所示。

探测过程中将各年份的采矿扰动、植被恢复作为两个类型，利用地面 800 个随机样点进行分类精度评定，结果表明采矿扰动和植被恢复两个类型的区分结果可靠，总体精度分别为 85.21%、86.59%，kappa 系数分别为 0.81、0.79。

经统计发现，1989~2014 年总计有 4573.08hm² 土地的植被被采矿活动所扰动（清除），采矿扰动一般在 3 年内停止 [图 7.12（b）]。由于原地貌植被指数分布不均，95% 的 NDVI 指数下降 0.12~0.49，平均下降 0.30 [图 7.12（c）]。相比之下，总计有 2982.60hm² 土地的植被得到了恢复 [图 7.12（d）]，植被恢复的平均年限为 10.48 年 [图 7.12（e）]。95% 的 NDVI 指数增长值在 0.05~0.42 区间，平均增长 0.23 [图 7.12（f）]。研究植被恢复的空间差异情况，可以发现在植物种子撒播区内，NDVI 增加值（0.32）大于其他地区（0.21），但撒播区内也有一些像元植被 NDVI 没有恢复，形成空洞［图 7.12（d）］。而在撒播区外也探测到 NDVI 的增大，即表现为植被的自然恢复，主要分布在 Curragh 东部和北部，且这些地区 NDVI 恢复较快一些，特别是在 Curragh 中部道路上，1～2 年的自然恢复过程就使得 NDVI 达到平稳状态［图 7.12（e）］。

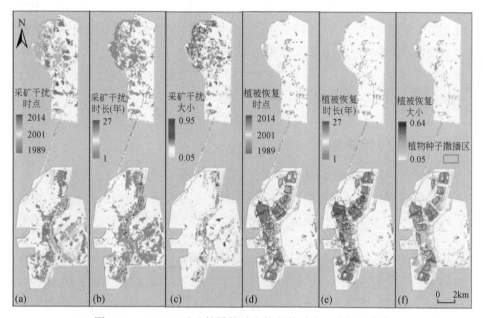

图 7.12　Curragh 矿山植被扰动和恢复的时点、时长和大小

3）焦点问题

变化监测的结果表明，在露天采矿条件下，地表植被清除是必然结果，该矿山对采矿扰动不具有足够的恢复力。采矿后，当地土地生态系统的植被组分迅速转为裸地状态。在渐进式土地修复策略下，对排土场、采掘场地进行土地平整、地形重建、植被种子撒播，使得部分地区植被恢复。从裸地到有稳定植被覆盖的状态，取决于关键限制条件的改善，如土壤条件的改良。

值得注意的是，一些有植物种子撒播的地区的植被仍然没有恢复，而撒播区外发生了植被的自然恢复，尽管恢复面积占比不大。由此一个问题显露出来：面临生态恢复工程扰动时，露天采矿场地具有何种保持状态的能力，会使得土地单元保持无植被状态从而使生态恢复工程失效。

2. 恢复力的具体内涵

Curragh 地处自然生态保留区，植被恢复的主要目的是保持水土，同时为放牧活动提供草料。因此植被恢复成为一个焦点，应该保证受扰动的土地被绿色植物覆盖。

因而，对于该矿山，恢复力的具体内涵可以表述为，土地生态系统（露天采矿场地）在面临生态恢复工程扰动时保持其状态（无植被覆盖）的能力。此时，恢复力为负恢复力，即一种管理者不期望状态的能力。恢复力的主体是土地生态系统（露天采矿场地），客体是生态恢复工程的扰动。关键状态是现有的植被覆盖度。显然，该矿山需要关注的是特定恢复力。

7.2.3 特定恢复力测度及调控措施

1. 特定恢复力的测度

1）参数变量的阈值识别

植被覆盖度是关键状态变量，选取 NDVI 作为其指示指标。露天采矿直接清除植被和扰乱土壤组分，使得露天采场（坑）的岩石裸露，植被恢复时表土覆盖十分关键，土壤是关键参数变量。为提取土壤信息，利用 Landsat 影像进行缨帽变换后提取土壤亮度指数。因此，关键状态变量（NDVI）和参数变量（亮度指数）之间的关系是特定恢复力评估的核心。

根据特定恢复力绝对指标的评估目的，NDVI 和亮度指数的数据提取限定在生态恢复干预区（植物种子撒播区，在 1995～2008 年分块完成土地修复和种子撒播，这些撒播区采用同样的撒播技术）。根据图 7.12 中对撒播区植被恢复的监测结果，从中选取已经完成植被恢复的区域和仍是裸地的区域，对这些区域中的像元，提取在生态恢复工程实施年份内的地表缨帽变化亮度值（即刚完成生态恢复工程，如地形平整、土壤覆盖、种子撒播，但尚未生长植被等），并在同一像元中提取 10 年后的 NDVI 值，经过统计得到图 7.13，可以看出当土地修复后像元的亮度值小于 3305 时，10 年后的 NDVI 小于 0.3；当土地修复后像元的亮度值大于 3489 时，10 年后的 NDVI 大于 0.4。在亮度值［3305，3489］区间，函数关系出现了突变的现象。因此，可取这个区间的中间值 3397 作为土壤亮度对 10 年后 NDVI 的阈值。

2）特定恢复力绝对指标测度

按照特定恢复力绝对指标计算方法［式（5.6）～式（5.8）］测度特定恢复力，还需要建立土壤亮度值变化量与生态恢复干预强度之间的关系。基于矿山的土地修复技术，有不修复、耙碎岩块（包括整平、岩块耙碎、深耕、撒种工序）、耙碎岩块后覆土 0～30cm（包括整平、岩块耙碎、深耕、取土、运土、铺土 0～30cm、

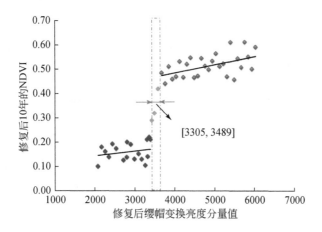

图 7.13　修复后 10 年的 NDVI 与修复后（当年）缨帽变换亮度分量值之间的关系

撒种工序）、耙碎岩块后覆土 30～60cm（包括整平、岩块耙碎、深耕、取土、运土、铺土 30～60cm、撒种工序）四种。根据当地土地修复成本计算方法（Lechner et al.，2016），以澳元计，这四种工程分别需要额外花费\$0.00/m²、\$0.24/m²、\$0.77/m²、\$1.28/m²。因此，将这四种情景作为不同的生态恢复工程的扰动强度。根据野外调查记录，在多期遥感影像上统计恢复工程实施前后亮度值的增量，结果如图 7.14 所示。在四种模式下，Δp 增量的均值分别为 0、545、1311、2405。

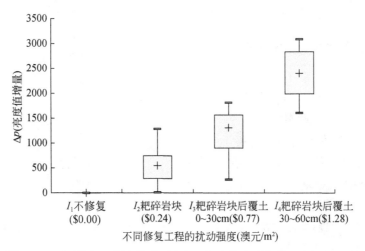

图 7.14　不同修复工程的扰动强度与缨帽变换亮度值增量之间的关系

基于状态变量（NDVI）和参数变量（土壤亮度指数）、亮度值增量和不同修复强度 I 的关系，对矿山内不同土地单元的特定恢复力绝对指标进行计算，结果如表 7.4 所示。重点考察露天采坑、排土场和临时道路三种典型的土地单元，土壤亮度值均值分别为 2520、3067 和 3831。其中临时道路的亮度均值大于阈值 p_0（3397），表明该土地单元已经越过阈值，该单元不能保存"裸地"状态。

表7.4 Curragh 矿山特定恢复力绝对指标评估结果

土地单元	土壤亮度值均值（p）	阈值（p_0）	|p-p_0|	Δp 均值				AISR			
				（I_1）	（I_2）	（I_3）	（I_4）	（I_1）	（I_2）	（I_3）	（I_4）
露天采坑	2520	3397	877	0	545	1311	2405	877	332	-432	-1528
排土场	3067	3397	330	0	545	1311	2405	330	-215	-981	-2075
临时道路	3831	3397	已经越过阈值 p_0，特定（负）恢复力为 0，不再讨论该场地对恢复工程扰动的特定恢复力问题								

模拟四种生态恢复工程的扰动强度，求取 AISR，可以看出当强度为 I_1 和 I_2 时，露天采坑的 AISR 大于 0，这表明露天采坑对这两种强度的恢复工程有足够恢复力，即当这两种强度的恢复工程实施时，露天采矿仍然保持"裸地"状态。对于排土场，其土壤基底稍好，当恢复工程的扰动强度大于 I_2 时，排土场的"裸地"状态就不能保持。因而，AISR 具有实际价值，即当施加何种强度的恢复工程时，扰动场地（露天采坑、排土场和临时道路）才不能保持其"裸地"状态。利用这一评估结果，可为矿山土地修复的规划、减少矿山土地修复成本提供依据。

2. 特定恢复力调控措施分析

本节讨论的是矿山土地生态系统（露天采矿场地）面临生态恢复工程扰动时保存其"裸地"状态的能力，这是一种负向恢复力，因此特定恢复力调控主要是对这种恢复力进行克服。

1）对关键参数的调控措施

基于缨帽变换提取的亮度值实际上反映了地表松散物的特征。在 Curragh 矿区，露天剥离后，基岩裸露，亮度值较低，而在排土场、临时道路、土地修复后，地表松散层主要是土壤，其亮度值增大。克服特定恢复力，对地表进行覆土是最直接的方式。但需要注意的是，对特定恢复力的克服并不是没有限度的，覆土过厚会带来较大的社会经济成本。

2）对参数与扰动之间函数关系的调控措施

克服特定恢复力，需要将参数与扰动之间的函数关系变得更为敏感，即将扰动变得更加有效率。其一，该矿山的扰动是指生态恢复工程，因而在生态恢复工程实施时，应当在覆土过程中避免土壤流失和覆土不均匀。调查发现，该矿山中植物种子撒播区内植被没有恢复的原因就是覆土过薄，根系不能生长。其二，在岩石耙碎、覆土过程中，应当注意提高土壤质量，包括降低容重、提高土壤肥力，这样可以使种子有更好的萌发条件。其三，在植物种子撒播阶段，应该注意提高种子的萌发率，配备合适的种子类型。

3）对参数与状态变量之间函数关系的调控

克服特定恢复力，主要措施是减少植被 NDVI 对亮度值（土壤条件）的依赖，潜在措施是提高植被在恶劣环境下的生长能力，在植被生长过程中进行适应性监测和管理，提高植被 NDVI 增大的可能性。例如，控制生物入侵、抚育幼苗、改善植被空间结构、控制二次扰动（生物入侵、野火干扰等）等。

本节关注的特定恢复力只是矿山土地生态系统状态保持的一个方面，恢复力调控和测度所能解释的是"裸地"状态保存问题。其实，这个矿山可能还有其他的土地生态问题，如已恢复植被在面临野火、气候变化等扰动时的二次退化问题（McKenna et al.，2017）。这反映出，特定恢复力具有局限性，如果矿山存在多个焦点问题，就需要对多种特定恢复力进行研究。

7.3　实例三：孟家沟采煤迹地恢复力研究

7.3.1　研究区与数据来源

研究区位于中国太原市西郊，如图 7.15 所示，属于黄土高原东部丘陵沟壑区。该区域居民长期以务农、务工为经济来源。传统农业以种植旱地作物为主，兼营畜牧和养殖业。该区石炭—二叠系含煤丰富，易于开采。改革开放初期民营小型煤矿迅速发展，该区小煤窑达数十个，无序开采，技术条件落后，生产效率低，安全状况差。2009 年这些小煤窑全部关闭，形成采矿迹地，迹地面积约 $3.59km^2$。

2014～2016 年对土地生态系统组分进行了调查，调查内容包括土壤（理化性质）、气候（温度和降雨）、水文（区域水文地质、潜水水位）、植被（植被指数、群落、分布、多样性、生产力等）、地形（高程、地貌）、人文（土地利用、社会经济），同时收集了该区统计年鉴（1983～2015 年），并采用遥感影像解译、社会调查、专家访谈、野外监测、室内测试的方法获取数据（Yang et al.，2017）。

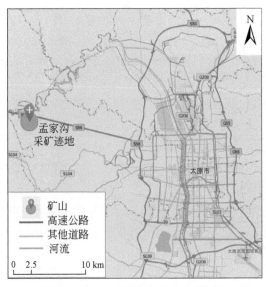

图 7.15　孟家沟采矿迹地的地理位置

7.3.2　问题识别与恢复力具体内涵

1. 问题识别

1) 系统构成分析

该区属于温带季风气候区，年均降雨量为 462mm，蒸发量为 1780mm，平均气温为 10.0℃。沟谷有季节性排洪分叉冲沟，矿山南侧有泉水出露。该区为中山地形，沟谷及微地貌发育，高程为 1057～1330m。基岩为二叠系软硬相间的碎屑岩类，含砾砂岩、泥岩等。松散层有风积黄土，土壤类型为壤土。该区植被群落以旱生型灌丛、灌草丛为主，伴有阔叶落叶林，优势种为榆树、柳树、白刺等。采煤迹地土地所有权属于当地村集体，归村民个体承包经营，土地利用类型以农耕、放牧、薪材采伐为主，采煤迹地土地生态系统综合形态实景与土地生态调查如图 7.16 所示。

2) 系统扰动与变化分析

A. 采矿及其他扰动

小煤窑采用平硐开采或者小型露天开采方法，地面沉陷、裂缝是主要的扰动形式，平均沉降为 1.39m，面积达 70.75hm²，在一些平硐上方，发育裂缝 10 处，平均宽 0.3m，长 80m；发育基岩崩塌 1 处，面积为 0.5hm²。煤层上方岩体透水不

图 7.16 采煤迹地土地生态系统综合形态实景与土地生态调查

含水，无地下水影响。在露天采掘场地，共挖损 19.42hm² 山体，岩土混排压占 71.8hm²，影响河沟排水。另在新建道路两侧有不稳定斜坡 3 处，面积为 27.14hm²。山体陡峭处有硬质岩体崩塌 3 处，面积 2.44hm²。查明煤火自燃 4 处，面积 0.38hm²。

相比于上述两个矿山案例，该矿山采矿后缺乏生态恢复工程措施。矿山土地生态系统受外部社会经济影响扰动较大，自 1983 年小煤矿开发政策实施以来，经济、人口、气候、社会变化如图 7.17 所示，可以看出 1983~2013 年区域农产品价格、村人口数量、当地降雨量保持平稳增长，环比增长率分别为 7.40%、0.60%、6.00%。温度不稳定波动，但无明显趋势。1983~1992 年区域煤炭价格保持 4.96% 的平均环比增长速率，1993~2002 年、2003~2010 年区域煤炭价格平均环比增长率则分别为 12.06%、13.48%，2011~2014 年区域煤炭价格则显著下降，平均环比增长率为-6.88%。特别是 1993 年煤炭价格市场化改革后显著提升；2002 年中国加入 WTO 后，经济快速发展，煤价第二次显著提升；2010 年之后，煤炭生产过剩，区域煤炭价格有较大下降。

B. 生态变化情况

为研究矿山土地生态的整体变化，采用居民收入类型、土地利用类型、植被净初级生产力（NPP）三个指标，研究表明这三个指标对矿区的社会生态变化有较好的敏感性和代表性（Hou et al.，2015；Horsley et al.，2015；Lambin and Meyfroidt，2010）。从鼓励兴建小煤矿到煤价改革，再到关闭整合小煤矿，煤炭政

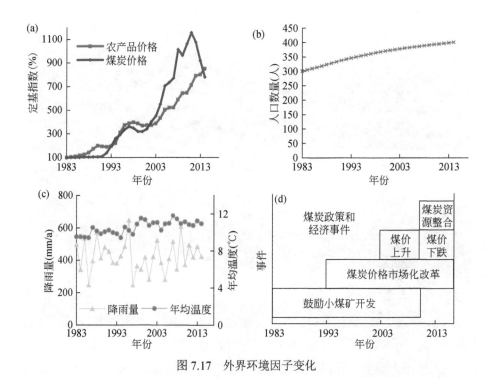

图 7.17　外界环境因子变化

策和经济形势的变化导致矿区社会生态格局有明显的阶段性特征，显著时间节点为 1993 年、2003 年、2010 年，因而对三个状态变量进行分阶段统计，结果如图 7.18 所示。从农民人均年收入结构来看，1983 年农业制度改革后，农民收入以农业经营为主，占 62%。1993 年煤炭价格改革，村民开始进行小规模煤炭采选活动，该项收入占比提高，同时，农业经营收入总量提高。2003~2010 年村民主要收入演变为财产性收入和煤炭采选务工收入，这一阶段村民主要经营活动变为土地租赁、煤炭采掘和销售，农业经营收入总量与第一阶段持平，但占比降低至 9%。土地利用结构呈现类似的变化态势，第一阶段土地利用方式以林草地和耕地为主，二者占到 79%；但随着经济结构的转变，到第二阶段，耕地逐渐被废弃，有煤炭赋存的林草地和裸地逐渐被煤炭采选场地所取代；到第三阶段，采矿用地达到 42%。NPP 是指示生态系统状态的综合性指标，从三个阶段各年的 NPP 均值来看，其频率分布发生了显著的变化。从第一阶段到第二阶段，NPP 频率分布的峰值左移并降低，且中心趋势减弱、方差增大。到第三阶段时，NPP 频率分布呈现双峰结构。单从生态角度来看，矿山土地生态系统的状态已经发生逆向演替，在农业耕种时期，土地生态系统以原始林草地为主；在矿业开发后期，土地生产力降低，采煤直接扰动区的生态系统已演变为结构简单的初生演替群落。

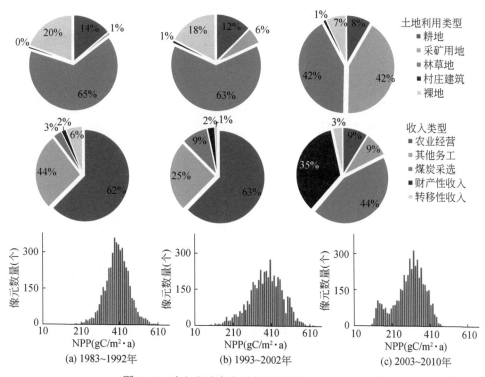

图 7.18　矿山土地生态系统关键指标的长期变化

3）焦点问题

从系统诊断和生态变化分析的结果来看，采矿扰动给本案例矿山造成了严重的生态影响，如土地利用结构改变、植被净初级生产力降低。除此之外，区域政策、社会、经济变量也驱动了矿山土地生态系统的演化。当前，煤矿关闭后，生态农业被优先发展，采煤迹地对矿山土地生态系统进行再开发实践。

采矿残留的一些扰动，如煤自燃、地质灾害等仍然存在，而且还有其他外部社会经济条件在不断变化，这使得一个问题显露出来：面临诸多扰动和变化时，这个采煤迹地上的土地生态系统具备何种程度的保持状态的能力，未来土地生态系统是否能够长期保持当前状态而不发生崩溃。

2. 恢复力的具体内涵

根据《山西省煤炭开采生态环境恢复治理规划》（晋政发【2009】40 号）、《山西省改善农村人居环境规划纲要（2014—2020 年）》《太原西山地区生态恢复环境综合治理规划》（2011 年），该采煤迹地所在地区将作为太原市的生态屏障。因而，这个采煤迹地的土地生态系统的可持续发展问题成为一个焦点问题。应该保证土地生态系统在面临未来扰动和变化时，不发生较大退化和改变。

基于此，恢复力在该矿山的具体内涵可以表述为，采煤迹地上的土地生态系统在面临所有扰动和变化时保持其状态的能力。此时，恢复力是正恢复力，即保持一种管理者所期望状态的能力，恢复力的主体是再开发的土地生态系统，客体为所有扰动和变化。状态为土地生态系统（生态农业）的结构和功能。显然，该矿山需要关注的是一般恢复力。

7.3.3 一般恢复力测度及调控措施

1. 一般恢复力相对指标测度

1）评估阶段的划分

根据前述分析，该矿山需要测度现状的一般恢复力，基于数据可用性，对 2015 年孟家沟矿山土地生态系统的一般恢复力进行测度。另外，根据第 5 章的分析，只测度一个评价对象的一般恢复力，并不能说明这个一般恢复力的强弱好坏。这时，需要测度多个评价对象的一般恢复力，然后对其进行比较。在本案例中，将矿山土地生态系统的不同时期作为多个评价对象，用来考察矿山土地生态一般恢复力在时间上的变化情况。

表 7.5 显示了孟家沟矿山土地生态系统不同阶段的基本特征。在四个阶段之间，矿山社会经济活动有显著的差异。从经济活动来看，1983～1992 年该区主要是从事农业生产，1993～2002 年农业生产和煤炭开采并存，2003～2010 年主要是煤炭开采，2011 年至今是社会经济的再开发时期。而在 1983～1992 年、1993～2002 年、2003～2010 年这三个时间段内，社会生态经济情况较为稳定，因此，在 1983～1992 年、1993～2002 年、2003～2010 年三个时间段中依次选取一个时点（1988 年、1998 年、2008 年）作为参考对象，用来与 2015 年的一般恢复力进行比较。

表 7.5　孟家沟矿山土地生态系统各阶段的基本特征

时间阶段（年）	特征	主要事件
1983～1992	人口增长，耕地开发，农产品数量提高，经济收入增加，煤炭资源开发较少	区域农村经济发展
1993～2002	人口增长，农产品数量与经济收入稳定，社会和生态资本积累，煤炭资源开发增加	煤炭价格与农业制度变化、内部竞争
2003～2010	煤炭采选活动规模大，土地大量转为矿业场地，耕地荒废，经济资本积累，生态资本和煤炭资源被消耗	制度变化、煤炭价格上涨、区域经济发展、资源耗竭
2011 年至当前	煤炭资源枯竭，居民外迁，土地被用于重新发展农业、林业	社会经济再开发

2）指标分析与计算

本书5.3节建立了一个可供参考的矿山土地生态系统一般恢复力的指标体系。结合该矿山的实际情况，考虑一般恢复力的多样性、生态变化性、模块性、紧凑反馈、生态系统服务、交叠管理六个方面，依据得到的数据建立该区一般恢复力的指标体系，如表7.6所示，共计11个指标。

表7.6 孟家沟矿山一般恢复力各个特征和指标的基础数据

特征	指标	1988年	1998年	2008年	2015年
多样性	土地利用多样性	1.11	1.29	1.03	1.02
生态变化性	单位面积土地粮食产出的变幅（g/m²）	136.50	187.50	37.50	34.50
模块性	组分完整度（%）	100	100	80	80
	农、林及其他产业间的耦合协调度	0.42	0.46	0.23	0.35
紧凑反馈	植被净初级生产力［gC/（m²·a）］	413	419	308	369
	土壤水分入渗速率（mm/min）	1.02	1.08	0.79	0.83
	土壤有机质含量（g/kg）	16.80	15.62	9.35	10.13
	人对系统变化事件的响应速率（d）	15	15	30	7
生态系统服务	生态系统服务有效数	5.15	4.32	2.36	2.26
交叠管理	管理角度的完整度（%）	50	50	50	100
	管理主体的丰富度	2.36	2.36	3.68	4.63

采用历史存档的Landsat遥感影像（生长季，6～8月影像）解译获取土地类型数据，然后采用景观多样性指数计算方法（O'Neill et al., 1988），计算各评价时点的土地利用多样性指标的值。由于具有较好恢复力的系统需要具有生态变化性，如果始终将系统维持在某个期待的水平，僵化不变，则一般恢复力会受到损害。因此，对于各个时间点单位面积土地粮食产出的变幅，分别取所在时间段内不同年份单位土地粮食产出的最大值与最小值的差值。对于组分完整度，在矿山内设置样方，通过历史影像考察各时点样方植被、土壤等组分的完整度，然后对多个样方取平均值。特别注意采矿、地质灾害扰动对植被土壤的移除作用。利用搜集到的历年农、林及其他非农林产业的产出数据，计算耦合协调度，计算方法参见文献（吴玉鸣和张燕，2008）。植被净初级生产力采用CASA模型反演计算，计算方法参见文献（Hou et al., 2015）。土壤水分循环、养分循环速率缺乏历史数据，依据时空等效的方法测定了原地貌、采矿扰动场地、耕地、林地、草地的土壤含水量（测定土壤水分入渗速率）、有机质含量，并依据各年土地的比例，对所得数据进行了校正。人对系统变化事件的响应速率是指当遭遇生态扰动（主要考虑沉

陷、滑坡、崩塌、砍伐、耕地破坏、森林火灾等）后，村民或其他人员对扰动巡视完成所需的时间。生态系统服务有效数的计算参见文献（Renard et al.，2015）。对于管理角度的完整度，考察矿山所在的村庄是否受到农业、水利、地灾、环保、土地、矿产（煤炭）、森林、社保方面的专业支持，并计算管理角度占总数的比例。管理主体的丰富度主要从村集体、乡镇政府、县区政府、省级政府、国家、土地经营权承包的个人或组织、矿山经营主体角度调查其对矿山土地生态的投资量，计算各个主体的有效数，计算方法参见文献（Lou，2006）。

3）计算 RIGR

考虑六个方面的一般恢复力特征具有同等重要性，因此对各个特征进行等权赋值。根据 5.3.2 中 RIGR 的计算模型，得到孟家沟矿山土地生态系统 RIGR 测度结果，如图 7.19 所示，可以看出，评估年份（2015 年，RIGR=0.71）的一般恢复力低于参考对象平均水平（RIGR=1）。三个参考评价时点中，2008 年的 RIGR 最低，为 0.64；1998 年的 RIGR 最高，为 1.09。

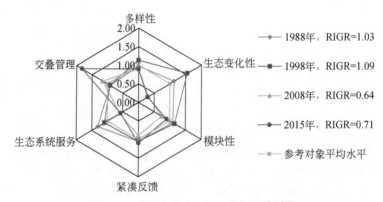

图 7.19 孟家沟矿山 RIGR 指标测度结果

这反映出当前矿山土地生态系统应对所有扰动保存其状态的能力还没有达到历史平均水平，主要限制因子为生态变化性、生态系统服务有效度。自 2010 年采矿活动停止以来，对矿山土地生态系统的再开发还处在初期阶段，矿山土地生态系统在各方面的生态系统服务功能还没有发挥出来，也还缺少变化性。但 2015 年交叠管理、紧凑反馈两个指标达到了参考对象平均水平，这是因为道路等基础设施的建设、信息化水平的提高和区域相关政策的完善，使得系统管理者缩小了对扰动的响应时间，而且对地灾、森林、社会保障等方面的政府监管工作也趋于完善。

2. 一般恢复力调控措施分析

一般恢复力相对指标评估表明孟家沟矿山土地生态系统一般恢复力经过采矿

扰动后降低到一个较低水平，这意味着面临扰动时其保持其状态的能力还较差。这就有必要通过综合手段强化一般恢复力。当前，孟家沟矿山土地生态系统处于再开发阶段，若未来矿山土地生态系统一般恢复力较低，则影响再开发的成功。

一般恢复力的强化需要在矿山土地再开发的过程中完成。根据该矿山生态综合治理和再开发规划，该矿山需要放弃以煤炭为主的开采销售业务，要开展土地复垦，恢复生态景观。在产业发展方面，引入新型农业科技和基础设施发展新型生态农业，提供农副产品和呈现田园风光，承接城市休闲旅游消费需求，开发观赏性、参与性的新型农业产品。

在生态治理过程中，调控一般恢复力需要重点关注一般恢复力指数几个特征中的限制性因子，包括生态系统服务和生态变化性，即生态治理应该以恢复生态系统服务为目标。采煤迹地土地也具有多功能性，包括薪材、食物提供等供给服务，氧气提供、碳固定等调节服务。采煤迹地残留很多矿业景观，还可以充分发挥景观的文化服务价值。另外，需要提高生态变化性，即不应该将生态系统服务固定在某个或者某几个土地功能上，保证年际之间有一定的变化。另外，通过生态治理，恢复采煤迹地生态组分的完整度，对植被、表土移除的地区进行修复。

在产业发展过程中，应该提高土地利用多样性，即发展多样性产业，如种植不同种类的经济作物、经济林。在对再开发的采煤迹地土地生态系统进行管理时，引入各个管理角度的专业人员和知识，以应对不确定性。在产业发展过程中，吸引社会投资，使有效管理主体增加，从而增强自身的一般恢复力，提高矿山土地生态系统应对经济波动或者管理主体变动的恢复力。

7.4 小　　结

本章将矿山土地生态系统恢复力及其测度与调控应用到三个案例矿山中，其目的是，一方面验证提出的恢复力测度和调控的模型和方法，另一方面探讨恢复力理论的应用方法。首先根据三个矿山遭受的扰动和生态变化，识别了每个矿山土地生态系统面临的焦点问题，然后界定各自恢复力的具体内涵，明确恢复力的主体和客体及特征和类型，接下来根据建立的特定恢复力和一般恢复力评估模型，对矿山土地生态系统恢复力进行评估，最后根据评估结果，结合恢复力调控原理，揭示潜在可行的恢复力调控策略，为矿山恢复力建设提供可行性方案。可以得出以下结论。

（1）在半干旱地区补连沟井工矿山，沉陷裂缝在小尺度上对植被组分有一定程度的扰动，但在流域尺度上，地表植被过去 10 年没有发生大规模的退化。地下水位是影响当地植被覆盖度分布的重要因素，它们之间存在阈值效应。补连沟矿山土地生态系统的植被组分在面临未来采矿扰动（潜水损失）时能否继续保存其状态（植被覆盖度）是一个焦点问题。特定恢复力测度结果表明，在中等强度的采矿扰动下，沟谷阶地、河沟沿岸具有足够的恢复力保持其当前的植被覆盖度，相比之下，沟谷坡地不具有足够的恢复力。特定恢复力强化可以从潜水位保持、扰动隔离、降低植被对潜水的依赖性等方面着手。

（2）在亚热带草原地区 Curragh 露天矿山，采矿活动会直接清除植被和土壤组分，形成大量裸地。生态恢复工程的实施可以使得部分地区的裸地恢复到有植被覆盖的状态。但一部分地区仍然没有完成植被恢复。土壤条件是影响当地植被指数恢复的重要因素。恢复后 10 年的 NDVI 值与恢复干预当年的土壤亮度值之间存在阈值效应。Curragh 矿山土地生态系统的裸地在面临生态恢复干预时是否会保持其状态（无植被覆盖）是一个焦点问题。特定恢复力评估结果表明，当生态恢复过程的强度小于或等于"耙碎岩块后覆土 0～30cm 并撒播种子"的强度时，露天采场具有足够的恢复力保持其"无植被（裸地）"状态。特定恢复力克服可以从增加覆土、提高生态恢复工程的效率、降低植被对土壤条件的依赖性等方面着手。

（3）在孟家沟采煤迹地，曾经的采矿活动和其他扰动导致该矿山土地生态系统表现降低，如土地利用结构改变、植被净初级生产力减弱。采煤迹地具有重要的生态功能定位，但面临着诸多的扰动。因此，采煤迹地在面临所有扰动时能否保持一个较好的状态是一个焦点问题。一般恢复力评估结果表明，孟家沟采煤迹地的一般恢复力指标值低于历史平均水平，主要限制因子为生态变化性和生态系统服务有效度。一般恢复力强化需要结合采煤迹地再开发来实施，可以在生态治理和产业发展中着力提高土地利用多样性、土地利用多功能性、增强管理主体有效度等来强化一般恢复力，从而增强采煤迹地应对多种扰动的能力。

综上，矿山土地生态问题具有复杂性和案例差异性，矿山土地生态系统恢复力只有在具体的主体、客体及焦点问题明确的情况下才变得有实际意义。焦点问题、系统分析因此而变得十分重要。在特定恢复力测度过程中，状态变量和参数变量之间关系的建立是关键，寻找参数变量的阈值是核心。恢复力调控策略来自变量间关系的调控。在解决矿山土地生态问题过程中，考虑特定恢复力问题时具有针对性，但全局性不足；一般恢复力整体性较强，但不针对具体问题。恢复力测度体现了恢复力这个抽象的概念的实用价值，其价值在于有利于人们了解系统在面临扰动时其状态保存的可能性、基本条件，并启发人们调控矿山土地生态系统内在能力所应采取的措施。

参 考 文 献

范立民. 2014. 榆神府区煤炭开采强度与地质灾害研究. 中国煤炭，40（5）：52-55.

范立民，向茂西，彭捷，等. 2016. 西部生态脆弱矿区地下水对高强度采煤的响应. 煤炭学报，41（11）：2672-2678.

缪协兴，浦海，白海波. 2008. 隔水关键层原理及其在保水采煤中的应用研究. 中国矿业大学学报，37（1）：1-4.

吴玉鸣，张燕. 2008. 中国区域经济增长与环境的耦合协调发展研究. 资源科学，30（1）：25-30.

张发旺，侯新伟，韩占涛，等. 2005. 采煤条件下煤层顶板"含水层再造"及其变化规律研究. 赤峰：世界华人地质科学研讨会中国地质学会 2005 年学术年会：335-340.

Horsley J，Prout S，Tonts M，et al. 2015. Sustainable livelihoods and indicators for regional development in mining economies. Extractive Industries & Society，2（2）：368-380.

Hou H，Zhang S，Ding Z，et al. 2015. Spatiotemporal dynamics of carbon storage in terrestrial ecosystem vegetation in the Xuzhou coal mining area，China. Environmental Earth Sciences，74（2）：1657-1669.

Kennedy R E，Yang Z，Cohen W B. 2010. Detecting trends in forest disturbance and recovery using yearly Landsat time series：1. LandTrendr-Temporal segmentation algorithms. Remote Sensing of Environment，114（12）：2897-2910.

Lambin E F，Meyfroidt P. 2010. Land use transitions：Socio-ecological feedback versus socio-economic change. Land Use Policy，27（2）：108-118.

Lechner A M，Kassulke O，Unger C. 2016. Spatial assessment of open cut coal mining progressive rehabilitation to support the monitoring of rehabilitation liabilities. Resources Policy，50：234-243.

Lou J. 2006. Entropy and diversity. Oikos，113（2）：363-375.

Mckenna P，Glenn V，Erskine P D，et al. 2017. Fire behaviour on engineered landforms stabilised with high biomass buffel grass. Ecological Engineering，101：237-246.

O'Neill R V，Krummel J R，Gardner R H，et al. 1988. Indices of landscape pattern. Landscape Ecology，1（3）：153-162.

Renard D，Rhemtulla J M，Bennett E M. 2015. Historical dynamics in ecosystem service bundles. Proceedings of the National Academy of Sciences of the United States of America，112（43）：13411-13416.

Walker L R. 1999. Ecosystems of the World 16：Ecosystems of Disturbed Ground. Elsevier，Amsterdam. 1-95.

Yang Y，Ren X，Zhang S，et al. 2017. Incorporating ecological vulnerability assessment into rehabilitation planning for a post-mining area. Environmental Earth Sciences，76（6）：245.

第8章 未来展望

8.1 总 结

本书系统地阐述了生态恢复力理论及其发展、矿山土地生态系统的基本特征，在此基础上，回答了矿山土地生态系统恢复力是什么、如何测度、如何调控三个科学问题。取得的研究结论和科学发现如下。

1. 主要研究结论

（1）矿山土地具有多种组分和复杂结构，它不仅可以承载采矿活动，在一定条件下，还具有提供多样生态服务的功能，其实质是一个社会生态系统。矿山土地生态系统所遭受的扰动包括采矿扰动、复垦或修复工程扰动、其他自然或人为扰动。矿山土地生态系统表现出了动态性。因此，有必要考虑这些扰动和矿山土地生态系统应对这些扰动的能力，以保持或改变矿山土地生态系统的状态。

（2）矿山土地生态系统恢复力可以表述为，矿山土地生态系统在面临采矿扰动或其他变化时保持其状态的能力。矿山土地生态系统恢复力的主体是土地生态系统，客体是采矿扰动或其他变化。矿山土地生态系统恢复力具有物质性、量性、可塑性三个基本性质。这些性质是认识、测度和调控矿山土地生态系统恢复力的基础和依据。

（3）矿山土地生态系统恢复力的实质是一种动力学特性。矿山土地生态系统组分及组分间关系是恢复力形成的基础。当其受到一定程度的扰动后，其通过自组织使得自身的平衡解和定性结构不发生改变，这一过程即矿山土地生态系统恢复力的形成过程。从数学角度来看，矿山土地生态系统的吸引域及参数空间的形态和大小是影响恢复力的量的关键因素。

（4）矿山土地生态系统恢复力的测度需要分解为特定恢复力测度和一般恢复力测度两个方面。特定恢复力是指矿山土地生态系统特定部分对特定扰动的恢复力，可以用特定部分的特定变量在受到特定扰动后与临界值的剩余距离来衡量。一般恢复力是指矿山土地生态系统对所有扰动的恢复力，主要体现在多样性、生态变化性、模块性、紧凑反馈、生态系统服务、交叠管理六个方面。

（5）恢复力调控是实现矿山土地生态系统可持续发展的关键，恢复力强化和恢复力克服是恢复力调控的两个基本路径。特定恢复力的强化和克服主要通过调控特定参数（p）、调控函数关系（φ）、调控阈值（p_0）三种途径来实现。一般恢复力的调控可以从矿山土地生态一般恢复力的基本特征，即从多样性、生态变化性、模块性、紧凑反馈、生态系统服务、交叠管理六个方面来开展。恢复力调控的实施应当采取适应性行动策略。

（6）在案例矿山中应用矿山土地生态系统恢复力理论时，首先要确定焦点问题和扰动类型，明确恢复力的具体内涵，然后对恢复力水平进行测度和评估，最后提出调控策略，以此指导矿山土地复垦与生态修复的规划、设计、施工和监测等。应用恢复力概念及其测度与调控方法，有利于深入认识矿山土地生态系统或其特定部分保持状态的过程和影响因素，有利于启发人们选用更合适的土地复垦与生态修复措施。

2. 取得的科学发现

（1）矿山土地生态系统恢复力具有物质性、量性和可塑性三大基本性质。其中物质性体现在恢复力不能脱离主体和客体、概念要义而独立存在。量性体现在恢复力的量是存在的，且量具有大小和变化性。可塑性体现在矿山土地生态系统恢复力的量是可以改变的。

（2）参数变量是决定特定恢复力大小的重要因素，其阈值空间是测度特定恢复力的直接指标。一般恢复力是指矿山土地生态系统对所有扰动的恢复力，主要体现在多样性、生态变化性、模块性、紧凑反馈、生态系统服务、交叠管理六个方面。

（3）矿山土地生态可持续发展的关键是对恢复力进行适应性调控，优化适应性调控的措施是扩大参与、鼓励学习、深入研究、积极创新。恢复力调控的基本途径是在矿山土地复垦与生态修复过程中对恢复力进行强化或克服。

（4）恢复力是国土空间系统保护和修复的核心准则，恢复力理论则是指导土地复垦与生态修复的核心理论之一。树立恢复力思维，有利于了解矿山土地生态系统应对扰动时持续保存其状态的机制，从而为矿山土地复垦与生态修复提供理论基础和实践依据。

8.2 展　望

1. 恢复力理论的潜在价值

矿山土地生态系统是人地耦合系统的实例之一，利用这个实例来探讨恢复力的性质、测度与调控方法，可以克服恢复力理论的抽象性，研究结果也对其他实例具有普适性价值，如对国土空间修复，其修复的对象是一个复杂的系统，具有多要素、多尺度、多目标的特征。恢复力理论的潜在价值体现在如下几个方面。

1）恢复力理论是解决国土空间修复现实困惑的一个关键

当前，国土空间修复在目标、途径、投资、实施过程等方面存在很多争议，如新型系统与旧系统、人工恢复与自然恢复、多种工程的权衡等。恢复力理论的核心是系统维持状态的能力，因而恢复力可以充当一个核心准则，如当系统恢复力差，又已经穿越阈值，无法回到原始状态时，就不得不建立一个新型系统；当系统恢复力足够强大，则没有必要施加投资巨大的人工恢复措施。因此，在对国土空间修复的目标、途径、实施过程进行决策时，需要考虑系统的内在能力，这个能力就是恢复力。

2）恢复力思维就是国土空间修复所需要的系统性思维

系统非平衡动态机制是国土空间修复的理论瓶颈，各类工程的有机组织、目标的权衡与协调、动态规划和优化尤其复杂。尽管很多人意识到系统性思维是解决方案，然而系统性思维只是理解系统的一种方式，在理解系统之后，常常缺乏具体措施来引导实际行动，显得乏力而没有抓手。恢复力思维不仅是一种系统性思维，而且带有目的性，这个目的就是，在变化条件下，维持系统的期望状态。于是，恢复力思维就可以指引人们根据系统非平衡动态机制（如非线性动态、要素相互作用、跨尺度扰沌）来开展修复活动，将国土空间系统维持在期望状态。

3）恢复力思维是解决人地系统复杂问题的突破口

可持续是人地系统发展的最大目标。随着人类知识增加和全球变化加快，人类所理解的人地系统问题越来越复杂，从单要素到多要素、从线性关系到非线性关系、从单一尺度到扰沌尺度、从单一目标到多目标权衡，对科学知识进行了数次大综合。尽管这样，可持续发展的路径反而更加模糊，传统方法和知识在复杂问题面前不再生效。正是在这种背景下，恢复力思维才在近10年得到了西方学术界和政治界的青睐。有趣的是，在中国古代哲学中不难发现恢复力思维的身影，如"凡事有度""天人合一""斧斤以时入山林，材木不可胜用"，都是对阈值、状态、要素耦合的一种表述。西方科学思维注重解构和分析，中国哲学思维强调系统综合。这样看来，恢复力思维有可能是中西思维的交会点，西方理性知识与中式哲学综合思维的结合可能是解决复杂问题的出路。

不仅仅限于国土空间生态修复，在自然资源管理、生态学与环境科学研究领域，恢复力理论同样具有上述潜在价值。

2. 需要深入研究的问题

如果恢复力思维抛弃理性知识，走向哲学思辨，那就大大降低了恢复力的价